왕좌의 게임의 과학

The Science of Game of Thrones

왕좌의 게임의 과학

The Science of Game of Thrones

헬렌 킨 지음 | **이현정** 옮김

에이도스

차례

1부 불

2부 얼음

3부 마법

1부

불

The Science of Game of Thrones

제 1 장

드래곤이 여기 있다

드래곤이 사는 세상이란 도무지 안전한 구석이 없다. 웨스터로스Westeros 역사상 가장 위대한 방어 요새가 하렌할Harrenhal임을 떠올려 보자. 리버랜드Riverlands 내에 위치한 하렌할은 두터운 벽과 높은 탑들로 이루어졌으며, 킹스랜딩Kings Landing(왕의 가도) 북서쪽을 향해 널찍이 펼쳐져 있다. 하렌할 내부의 거대한 홀은 35개나 되는 벽난로로 늘 따뜻하게 불타오른다. 하지만 〈왕좌의 게임〉 스토리가 본격적으로 시작하기도 전에, 하렌할의 높은 탑들은 양초처럼 힘없이 녹아내렸고, 방어벽은 까맣게 그을린 채 산산이 부서져 버렸다. 성 안의 많은 사람들도 흔적도 없이 죽어 버렸다. 이는 바로 하렌할에 빗발친 드래곤 파이어Dragon Fire의 위력 때문이었다.

드래곤은 엄청난 열기와 힘을 지닌 불을 내뿜는다. 마치 펄펄 끓는 용광로 속 불 같은. 새끼 드래곤조차 단 몇 초 만에 성인 남자를 산 채로 태워 죽일 수 있다고 한다. 장성한 드래곤은 함대 한 척 정도야 식은 죽 먹기로 상대한다. 드래곤의 입에서 나오는 숨은 가히 엄청난 폭발력을 지닌 불꽃을 내뿜기에, 함대는 불타는 것은 둘째 치고 그 충격파로 인해 일단 산산이 부서져 버리는 거다.

이 모든 게 판타지 소설에나 어울릴 법한 이야기가 아닌가? 그럼 여기서 상상만 할 게 아니라, 한번 제대로 파헤쳐 보기로 하자. 우리가 사는 세상에서 드래곤과 도마뱀류는 어떠한 신비하고 기이한 근원을 갖는지 살펴보며 말이다.

알 속의 드래곤

『왕좌의 게임』의 작가인 조지 마틴George R. R. Martin이 2011년 패리스 맥브라이드Parris Mcbride와 결혼했을 때, 〈왕좌의 게임〉 드라마 프로듀서는 드라마 소품이었던 드래곤 알 세 개 중 하나를 그에게 선물했다. 아쉽게도 이 작가 부부가 그 선물에 어떤 반응을 보였는지에 대한 기록은 없다. (혹시 '글쎄요, 정말 아름답긴 하네요. 하지만 차라리 눌어붙지 않는 프라이팬을 주시지…' 했던 건 아닐까?) 물론 이들 부부는 더할 나위 없이 화려한 결혼식 분위기에 들떠서 그 알쯤은 쳐다보는 둥 마는 둥 했을지도 모른다(게다가 〈왕좌의 게임〉 시즌 3에 등장하는 '피의 결혼식'처럼 사람들이 죽어 나가는 일도 없었을 테니까). 하지만 얘기를 이어 나가기 위해서, 작가 부부의 마음에 불현듯 이런 의문 하나가 피어나기 시작했다고 가정해 보자. 마치 강인한 여왕 역을 맡은 대너리스(별칭인 '대니Dany'로 불린다)의 드래곤이 통구이로 만든 사체에서 모락모락 오르는 연기처럼 말이다. '우리도 우리만의 드래곤을 타 볼 순 없을까?'

그러니까 드라마의 예술을 현실에서 실현해 볼 순 없는 걸까?

〈왕좌의 게임〉 스토리는 칠왕국the Seven Kingdoms에서 드래곤과 마법이 오래전에 사라졌다는 설정으로 시작한다. 드라마 속 허구의 세계인 웨스터로스의 고대 설화에 따르면 드래곤은 개체 수가 점점 줄다가 결국 멸종해 버렸다고 한다. 마에스터 파이셀Maester Pycelle이 친절하게 설명했듯이, 드래곤들의 두개골은 레드킵Red Keep(붉은 요새)의 알현실에 그 출생 순서대로 걸려 있다. 그 세계에서 가장 오래되고 큰 두개골은 발레리온Balerion의 것으로, 발레리온은 암소 한 마리를 통째로 삼킬 수 있었다고 한다. 그에 비해 가장 최근에 존재했던 드래곤의 두개골은 마치 치킨 너겟처럼 작지만 말이다.

대너리스가 결혼 축하 선물로 받은 150년 묵은 드래곤 알 세 개는 진귀한 골동품이었다. 말하자면 휴대가 가능한 자산이었던 셈이다. 그저 타르가르옌Targaryen 가家의 이익을 위해 언젠가 팔기로 돼 있던 상품에 불과했을 뿐이다. 그러나 칠왕국에서 일어나는 일 중에 어디 예측 가능한 일이 있던가. 대너리스는 남편 칼 드로고Khal Drogo가 죽은 뒤, 커다란 모닥불을 피워 여러 가지 물건과 사람들(대너리스가 남편의 죽음에 일조했다고 믿는 '마녀'를 포함한)을 불태운다. 대너리스 자신, 그리고 세 개의 드래곤 알들도 함께. 얼마 후, 이 가히 파괴적인 불기운으로부터 대니는 기적적으로 비틀거리며 걸어 나온다. 그을렸지만, 온전히 살아 있는 채로. 게다가 드래곤의 알들은 세 마리의 귀여운 아기 드래곤으로 부화해 버린다.

여기서 흥미로운 점을 살펴보자. 우리가 사는 현실 세상에도 알이 예상 시간보다 (일정 시간이 지난 후) 늦게 부화하는 일이 낯설지만은 않다. 도마뱀들이 알 속에서 '배아 발육 정지arrested embryonic development'라는 현상을 경험하기도 하니 말이다. '사회 부적응 태아들이 옹기종기 모여 있다니, 시트콤의 한 장면 같군'이라고 생각할지도 모르겠다.

하지만 사실 이 용어의 본뜻은 이렇다. 부화화지 않은 도마뱀이 알 속에서 자신만의 '정지 버튼'을 누르고 있으면서, 주위 환경이 좀 더 적절해지는 때를 기다리는 현상을 일컫는 것이다(《왕좌의 게임》에서는 그 환경이 바로 마법의 힘을 지닌 모닥불이었던 셈이다). 연구자들은 이러한 배아 발육 정지라는 놀라운 과정에 두 가지 진화적 요소가 기여했다고 믿는다. 물론 추측일 뿐이지만, 대니의 드래곤들의 부화 과정 설명에 도움이 될지 모른다.

첫째는 발육 정지는 특히 아주 두꺼운 두께의 알에서 일어난다는 점이다. 또, 둘째는 어미의 돌봄을 많이 받지 못하는 알에서 일어나는 현상이라는 것이다(대니의 드래곤들을 보면, 종 자체가 육아에 능해 보이지는 않는다). 도마뱀의 발육 정지 기간은 대개 1년까지이다. 그에 반해 대니의 드래곤들은 150년이라는 부화 공백을 갖지 않는가. 그러니 발육 정지만으로 드래곤의 부화가 온전히 설명되는 건 아닐는지도 모른다.

짝짓기와 솔로 드래곤

자, 일단 드래곤들이 부화를 하면, 번식은 좀 더 쉬운 일이 아닐까? 우리가 아는 바로는, 드래곤의 세계에서는 성별의 구분이 큰 문제는 아닌 것 같다. 물론 수컷 드래곤이 암컷보다 좀 더 크게 자라난다고는 한다. 그러나 사람의 눈으로 암컷 드래곤과 수컷 드래곤을 골라내기란 쉽지 않은 일이다.

그러면 여기서 현존하는 가장 원시적인 도마뱀과 동물, 코모도왕도마뱀Komodo Dragons의 짝짓기 양상에 대해서 살펴보기로 하자. 코모도왕도마뱀은 우리 인간 세상에 존재하는 날지 않고, 불을 내뿜지 않는 버전의 드래곤인 셈이다. 열정적으로 코모도왕도마뱀의 짝짓기를 관찰하는 생물학자들은 이 수줍은 성격의 생물은 적절한 환경만 주어진다면, 번식을 위한 기회를 찾아 나선다고 보고한 바 있다.

그럼 코모도왕도마뱀의 고향인 인도네시아로 시선을 옮겨 살펴보기로 하자. 코모도왕도마뱀은 이성과 만날 환경이 마련되면 구애를 시작하곤 한다. 예를 들면, 너저분하게 학살당한 먹잇감 앞에서 동료들과 함께 모일 때 등이다. 물론 그 구애 과정은 순식간에 인기 유튜브 동영상에 오를 정도로 귀엽고 깜찍하지는 않다. 수컷 코모도왕도마뱀들이 모여 두 발로 서서 레슬링을 하며 발차기를 해 대는 과정이니까. 이 한바탕의 레슬링은 며칠 동안이나 이어질 수도 있다. 그동안 암컷 코모도왕도마뱀들은 흥미롭게 이 싸움을 지켜본다.

모든 흥겨운 축제는 끝나기 마련이고, 마침내 수컷 한 마리가 암컷 한 마리를 차지하게 된다. 수컷은 암컷의 비늘을 얼마 동안 열심히 핥다가 자신의 생식기인 헤미피니hemipene를 꺼낸다. 이 생식기는 말하자면 두 갈래로 갈라진 형태라고 볼 수 있다(혼란스럽게도, 짝짓기의 재미가 반hemi으로 나뉘는 셈이다). 수컷은 이 생식기를 '클로아카cloaca'라는 일종의 주머니에서 꺼낸다. 마치 소매 자락에서 '짠' 하고 한 다발의 꽃을 꺼내 보이는 마법사처럼. 이를 과학적이고 진지하게 표현하면 '수컷 코모도왕도마뱀이 자신의 헤미피니를 외번evert한다'라고 한다. 이내 수컷은 그때 즈음 피곤하고 살짝 지루해진 암컷과 짝짓기를 시도한다. 모든 게 계획대로라면, 암컷은 일정 기간 후 수정란을 낳는다. 이때쯤이면 수컷 코모도왕도마뱀은 이 모든 과정이 일어났다는 사실을 까맣게 잊은 채, 곧 태어날 자손에 대해 일말의 관심도 두지 않는다.

이제, 암컷은 성숙해 가는 연약한 알들을 홀로 둥지에서 지킨다. 잠재적 포식자들을 모두 물리쳐 내면서. 이 '업무'는 너무나 많은 스트레스를 야기한다. 생물학자들은 이 때문에 암컷 코모도왕도마뱀이 수컷만큼 크게 자라지 못하고, 훨씬 더 일찍 사망한다고 가정해 왔다. 코모도왕도마뱀 무리를 8년 동안 관찰한 연구원들은 60살에 이르기까지 싸움과 짝짓기를 일삼으며 활발한 삶을 누리는 많은 수컷들을 발견했다. 반면, 33살을 넘긴 암컷들은 발견하지 못했다고 한다. (마치 할리우드 로맨틱 코미디 영화의 여주인공역에 나이 제한을 두는 것과 비슷하지 않은가.)

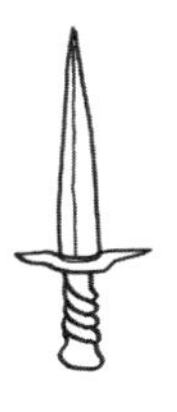

일단 알들이 부화하고 나면, 암컷은 새끼들을 그대로 내버려 둔다. 그리고 이전의 자신의 삶으로 돌아가는 거다. 덕분에 새끼 코모도왕도마뱀들은 세상에 태어난 날부터 강해지는 법을 배우고 스스로를 보호해 나간다. 대개는 다른 코모도왕도마뱀에게 잡아먹히지 않도록 나무 안에 몸을 숨긴 채 다 크기를 기다리면서, 자신들은 안중에도 없이 먹이만 찾아다니는 부모들은 까맣게 잊어버린다. 코모도왕도마뱀 가족의 삶이란 참으로 고단하기 짝이 없다.

수컷이 없어도 가능한 임신

그럼 대니의 드래곤들은 어떨까? 대니의 세 드래곤이 세상에 알려진 유일한 드래곤이라고 가정해 보자. 이들은 번식을 할 수 있을까? 어떻게? 『왕좌의 게임』 작가 조지 마틴은 드래곤들의 짝짓기 장면을 묘사할 의향이 있을까? 아마 모든 독자들이 궁금해 하지 않을까?

현존하는 머나먼 친척인 도마뱀과 동물, '코모도왕도마뱀'처럼 대니의 드래곤들도 암수가 서로 짝짓기를 하거나(이를 유성생식이라 한다), 아니면 암수 두 가지 성별 없이 한 개체가 홀로 알을 낳을 수(이를 무성생식, 혹은 단성생식이라 한다) 있을까? 영국 체셔 주의 체스터 동물원 관리인들은 2006년 코모도왕도마뱀이 비위 맞추기 힘든 판다 곰에 비하면 짝짓기에 까다롭지는 않음을 밝혀냈다. 세계에서 가장 큰 도마뱀인 코모도왕도마뱀은 멸종 위기에 처해 있으며, 야생에 고작 몇 천 마리 정도가 남아 있다고 한다. 그래서 임신한 암컷 코모도왕도마뱀은 꽤나 반갑고 즐거운 광경인 셈이다. 하지만 체스터 동물원의 암컷 코모도왕도마뱀인 플로라Flora는 놀랍게도 평생 수컷과 어떠한 접촉도 없이 임신을 했다고 한다.

플로라가 낳은 알들은 모두 수컷으로 부화했다. 새끼들의 유전자를 검사해 보니 전적으로 플로라의 생물학적 성질을 물려받은 것으로 드러났다. 물론 이들은 플로라의 클론clone은 아니었다. 이러한 형태의 번식을 단성 생식이라고 하며, 생물학자들은 이를 단위생식parthenogenesis이라고 부르기도 한다('parthen'은 그리스어로 '처녀'라는 뜻이다). 플로라의 자손들은 용을 비롯한 도마뱀과 동물 연구학계에 일대 파장을 불러 일으켰다. 나아가 《사이언티픽 아메리칸》에서는 이 신기한 현상이 '예수님이 성모 마리아의 클론이 아니라는 하나의 증거'가 된다고까지 일컬었다.

물론 애초에 드래곤들(사실은 많은 도마뱀들)의 번식은 인간과는 상당히 다르다. 인간을 비롯한 대부분의 포유류에서는 X염색체와 Y염색체가 수정의 순간, 혹은 그 이전에 생물학적 성별을 결정한다. 암컷은 같은 종류의 염색체 XX를, 수컷은 다른 두 염색체인 XY를 갖는다. 반면, 도마뱀 전문가 제니퍼 해리슨Jennifer Harrison에 의하면 코모도왕도마뱀은 XY 염색체 시스템이 아니라고 한다. 또한, 두 종류의 염색체 ZW를 갖는 쪽은 암컷이며, 수컷은 동일 염색체 Z만 지닌다는 것이다.

미수정 상태의 코모도왕도마뱀 알은 모체로부터 Z혹은 W염색체를 물려받는다. 대부분은 수컷 쪽에서 Z유전자를 제공하기에, 자손들은 ZZ, 혹은 ZW 조합을 갖는다. 이때 ZZ가 수컷, ZW가 암컷이 되는 것이다. 반면, 홀로 단성 생식을 하는 코모도왕도마뱀은 자신이 낳은 미수정란의 염색체 양을 스스로 두 배로 증가시킨다고 해리슨은 말한다. 그리하여 미수정 상태의 Z염색체는 ZZ로 발전하여 수컷이 된다. 그러나 미수정 상태의 W염색체는 WW로 발전하기에 수정에 실패하고 마는 것이다. 즉, 코모도왕도마뱀의 단성 생식은 늘 수컷 자손을 생산하는 것으로 귀결된다. ZW 조합인 암컷은 단성 생식으로는 출산할 수 없다. 게다가, 새로운 생태학적 틈새 보금자리를 찾으려는 암컷이라면, 수컷을 생산하는 게 최적의 생존 전략이 된다. 짝짓기를 할 수 있는 수컷을 생산함으로써 자신의 혈통을 이어나갈 수 있으니까. 만약 이것이 적응적 진화 전략adaptive evolutionary strategy이라면, 꽤나 효과적이지 않은가.

박식한 웨스터로스의 마에스터들은 드래곤이 '불꽃처럼 변화무쌍하다'고 밝힌 바 있다. 심지어 '유동적 성별' 즉, 마음만 먹으면 자유자재로 성별을 바꾸는 것도 가능하다고 한다. 인간 세상의 도마뱀 및 '드래곤'류는 물론 이런 능력은 없다. 하지만 수컷, 혹은 암컷 자손을 선택해서 낳을 수 있는 꽤나 근사한 시스템을 갖는 거다. '드래곤의 어머니'라 불리는 대너리스라면, 불타는 드래곤의 알을 부화시키는 능력 외에도 알아 두어야 할 만한 사항인 셈이다.

우리 주변의 많은 예비 부모들은, 심지어 묻지도 않았는데 자신들의 임신 및 출산 과정을 세세히 들려주곤 한다. 그래도 많은 부모들이 태어날 아이의 성별은 기꺼이 물음표로 남겨 두려 한다. '미리 알고 싶지 않아서요! 깜짝 소식이 됐으면 하거든요'라고 이들은 못을 박아 둘 것이다. 물론 이런 의사는 존중받아야 마땅하다. 태어날 아기의 태명을 좀 더 중성적으로 짓는 것도 말이다.

그렇다면 드래곤류 동물들은 어떨까? 드래곤류 동물들은 설사 출산 전에 이 비슷한 대화를 나눌 수 있다고 해도 하지 않을 거다. 왜냐하면 암수의 성별을 결정하는 흥미로운 생체 온도계를 지닐 수도 있기 때문이다. 호주 남동쪽에 서식하는 턱수염도마뱀Australian Bearded dragon이 그런 예에 해당한다.

과학자들은 본래 수컷 턱수염도마뱀들이 ZZ염색체 조합을 갖지만, 몇몇은 ZZ염색체를 갖고도 암컷으로 태어난다는 사실을 발견했다(그러니 ZZ염색체 특징이 수컷다운 긴 수염의 원인인지는 두고 볼 일이다).

왜 이런 현상이 일어날까? 이는 특정 '드래곤' 동물에서는 염색체가 성별을 결정하는 원인이 전혀 아니기 때문이다. 그 대신, 부화 전 주위의 온도에 따라 반응하며 성별이 결정된다. 턱수염도마뱀의 알은 아주 뜨겁게(예를 들어 섭씨 30~33도) 품어지면 암컷으로 부화한다. 또한 알이 섭씨 23~26도 정도로 차갑게 식어도 암컷으로 부화하게 된다. 그 중간의 미지근한 온도에 이를 때만 비로소 수컷 턱수염도마뱀으로 태어나는 것이다.

물론 이런 공식은 신비로운 온도 성별 결정의 세계에서 항상 고정값은 아니다. 악어의 경우, 수컷이 뜨거운 온도에서 부화하고 암컷은 차가운 알에서 태어나기 때문이다.

온도가 성별을 결정하는 원인은 무엇일까? 도마뱀과 드래곤 세상의 많은 부분이 그렇듯, 이 또한 아직 미궁에 싸여 있다. 아무도 정확하게 그 원인을 모르니까. 만약 부모 드래곤(아니면 대타로 대너리스 타르가르옌이라도)이 알을 각기 다른 온도에서 품음으로써 그 성별을 결정할 수 있다면 정말 멋진 일일 거다. 하지만 실은 그게 가능하다는 충분한 증거조차 없는 실정이다. 40년 전 과학 잡지인 《네이처[Nature]》에서 과학자 에릭 차르노프[Eric Charnov]와 제임스 불[James Bull]은 부모 도마뱀 및 드래곤류 동물들은 자기가 속한 주변 환경의 암컷과 수컷들의 행동을 보고 그에 따라 적응한다는 이론을 내세웠다. 그러니 드래곤류 동물들도 주변 환경 및 온도에 따라 자신의 비늘투성이 짝꿍을 만나 번식을 행할 확률이 높지 않을까.

드래곤은 날 수 있었을까?

지금까지 우리의 세상에 사는 도마뱀 및 드래곤류의 무성, 혹은 유성 생식에 대해 살펴보았다. 이제는 좀 더 특이하고도 근사한 드래곤류 동물들의 해부학적 요소를 살펴보기로 하자. 큰 날개와 불을 뿜는 입을 갖는 게 정말 현실에선 불가능한 걸까? 이 둘은 그야말로 '드래곤'의 상징과도 같지 않은가. 그런데 정말로 자연과학이 이를 불허하는 걸까? 불을 내뿜는 거대한 도마뱀이, 보랏빛이 도는 백금색 머리칼의 주인을 모시고 에섹스Essex나 에소스Essos 창공을 솟구치는 일은 없는 걸까? 역사적으로도 없었을까?

물론 얼핏 보기에는 그리 현실성 있어 보이지는 않는다. 용, 드래곤은 마법이지, 현실이 아니니까(영국의 유명 마술사 다이나모Dynamo의 경우야 실재하는 마법이라 해도 과언이 아닐 것이다). 하지만 진화라는 건 〈왕좌의 게임〉보다 훨씬 더 창의적인 게 아닌가. 진화가 생물들의 번식과 죽음에 미친 영향도 엄청나다. 그러니, 드래곤의 특징들을 가진 현실의 생물이 있을 법도 하다. 불타지 않은 대너리스의 어깨 위에 얌전히 올라탈 수 있는 그런 생물들이.

예를 들어, 우리의 세상에도 하늘을 나는 커다란 도마뱀은 충분히 있을 수 있다. 다만 그게 7,000만 년 전 일일뿐이지만. 케찰코아틀루스 노트로피Quetzalcoatlus northropi라 불리는 거대 익룡pterosaur의 화석이 북미 텍사스 지역에서 발견되었다. 화석을 분석한 결과, 이 생물은 10미터에 달하는 날개를 가졌다고 한다. 하늘을 날았던 가장 큰 생물로 여겨지며, 그 무게가 무려 0.25톤에 달했다는 것이다. 이 고대 파충류는 정말 보기에 위협적인 광경을 연출했을 거다. 땅위에 서 있을 때도 기린의 눈을 똑바로 쳐다볼 정도로 키도 컸을 테니 말이다.

오늘날 런던 남부의 크리스털 팰리스 파크Crystal Palace Park를 방문하면, 19세기에 제작된 몇몇 익룡 동상들의 모양이 드래곤과 비슷함을 알 수 있을 것이다(기회가 있으면 꼭 방문해 보길 권한다. 이 골동품 익룡 동상들은 꽤나 특이해서, '정말 빅토리아 시대 사람들은 익룡이 이렇게 생겼다고 본 걸까?' 하는 생각이 절로 들 테니까).

공룡들이 자유롭게 활보하던 수천 년 전 지구의 대기는 그 밀도가 좀 더 높아서, 무거운 생명체들이 날아다니기 더 편했을 거다. 이것이 하나의 가설이다. 하지만 소설 속의 드래곤에도, 7,000만 년 전의 익룡에도 하나의 의문점이 생긴다. '정확히 이 생물들이 어떻게 땅에서 이륙했을까? 아니, 이륙이 가능은 했을까? 그리고 정말 독수리보다 높이 날 수 있었을까? 만약 그랬다면, 날개와 맞닿은 바람의 성질은 어떠했을까?'

익룡은 보통의 새들과 꽤 많은 공통점이 있다. 예를 들면, 익룡도 새처럼 견고하지만 속이 빈 뼈대가 내부의 받침대에 의해 지지를 받는 구조로 돼 있다. 익룡의 뼈대는 단단하면서도 가볍다. 진화가 이뤄진 생물체 중 가장 강건한 축이라 해도 과언이 아닐 정도다. 이 비범한 짐승이 정말 하늘을 날았다면, 내벽이 마치 종잇장처럼 얇은 뼈대 위에 육중한 몸을 실어 올려 창공을 날아다녔다는 얘기다. 사실 믿기 힘든 이야기다. 그러나 요즘에는 익룡과 같은 도마뱀류가 수천 킬로미터를 시속 120킬로미터의 속도로 날다가 서서히 느려진 시속 90킬로미터로 유유하게 활공했다는 설에 무게가 실리고 있다. 땅 위를 어슬렁거리는 공룡들의 키보다 훨씬 더 높은 하늘에서 말이다.

그렇다면 어떻게 이게 가능했을까? 우선, 익룡들은 새처럼 그저 무작정 이륙을 시도할 순 없었을 거다. 사실, 익룡들이 이륙 자체를 하지 않았을 것이라 보는 학자들도 있다. 현존하는 가장 큰 새를 연구한 도쿄대학의 가츠후미 사토克文佐藤가 그 한 예다. 그는 연구를 위해 남극에 근접한 남인도양의 외딴 크로젯 아일랜드Crozet Island 내 자연 보호 지역으로 건너갔다. 사토는 자신의 연구가 40킬로그램을 넘는 생물은 하늘을 날지 못함을 증명한다고 믿었다(현존하는 가장 무거운 새는 나그네

알바트로스wandering albatross로 20킬로그램에 채 미치지 못한다). 하늘에 떠 있는 상태를 유지할 만큼 날갯짓을 충분히 할 수 없다는 이유였다. 특히나 고약한 날씨를 만나면 더욱더 그러하다는 거였다.

하지만 익룡의 몸무게와 날갯짓, 비행에 대한 사토의 연구 결과는 익룡이 날 수 있었다고 굳게 믿는 학자들에 의해 반박당했다. 이 학자들은 마치 미국 가수 알 켈리R. Kelly의 노래 〈나는 하늘을 날 수 있다고 믿어요I believe I can fly〉의 가사처럼 익룡이 '하늘에 닿을 수 있다고 밤낮으로 믿는' 주의자였던 것이다. 어쨌든 과거의 지구 공기 밀도가 더 높았다는 점과, 익룡의 해부학적, 생리학적 차이점을 고려해야 하니 말이다. 이를 주장하는 학자들은 익룡이 애초에 날갯짓을 많이 할 필요가 없었을 것이라 지적한다. 오늘날의 매를 비롯한 많은 큰 새들과 마찬가지로, 대기의 열기류thermal current로 바로 솟아오를 것이라 보는 거다.

'익룡의 비행이 어떻게 이뤄졌는가'에 대한 전문가들의 이러한 견해차는 쉽게 간과해서는 안 될 문제다. 다시 말해, 익룡이 '절벽에서 바로 뛰어 내려서' 비행을 했다고 주장하는 학자들과, 익룡이 '높이 점프해서 하늘로 몸을 밀어 올려' 비행을 했다고 주장하는 이들이 팽팽히 맞서는 것이다. 현재로써는 아무래도 후자가 더 신빙성 있게 여겨지고 있다.

한편, 실제의 익룡은 전설 속의 드래곤과 생김새가 크게 닮지 않았다고 하는 설이 널리 받아들여지고 있다. 다음번에 〈왕좌의 게임〉 드라마를 볼 때 대니의 드래곤이 비행하는 모습을 유심히 보라. 위에서 언급한 '하늘로 몸을 밀어 올리는' 식의 비행을 함을 알 수 있을 거다. 필자는 이런 비행 방식을 유식하게 '스트레이트 점프업straight jump-up'이라고 명명하기로 했다. 드래곤의 현실 세계 사촌이나 다름없는 익룡이 오래전에 행한 비행 방식인 셈이다(물론 드래곤은 절벽에서 뛰어내리는 방식의 비행도 가능하다. 그게 마법의 특권 아니겠는가).

드라마에서의 드래곤 비행 방식 묘사는 우연이 아니다. 〈왕좌의 게임〉 드라마의 특수 효과 팀은 "드라마가 비록 판타지일 뿐이라도, 시청자가 드래곤의 유기적인 '현실성'을 느끼길 바랐다"고 누누이 설명한 바 있다. 상상 속 동물인 드래곤의 존재를 믿기를 바란 거다. 드라마의 시각 효과 감독을 맡은 에미상 수상 경력의 조 바우어Joe Bauer의 말을 들어 보면, 그는 팀 동료들과 함께 드래곤 행동의 모델이 되어 줄 현실의 동물들을 세세히 연구했다고 한다. 새 · 박쥐 · 고대 생물 및 파충류(특히 코모도왕도마뱀) 등등. 예를 들어, 드라마 초기에 새끼 드래곤이 '위협 자세'를 발달시키는 장면에서 그게 과연 어떤 자세일지를 궁리하는 데 상당한 시간을 들였다. 판타지를 현실로 옮기는 건 쉬운 일이 아니었다는 거다. 드라마의 제작자인 디비 와이스DB Weiss는 이렇게 말한다. "일단은 작가 조지 마틴이 드래곤을 어떻게 보았는지를 시작점으로 했지요. 그는 제가 만난 어떤 이보다도 더 드래곤에 대한 연구를 많이 했거든요."

그런 점에서 고생물학자이자 생체역학 분석가인 서던 캘리포니아 대학의 마이클 하비브Michael Habib 박사 정도면 조지 마틴의 라이벌이 될 만하다. 거대한 하늘을 나는 파충류의 해부학에 매우 심취해 있는 하비브 박사는 이런 설명을 내놓았다. 만약 익룡이 날다람쥐처럼 유유하게 날아다녔다면, 이륙을 시도할 때마다 엉덩이뼈가 탈구되었을 것이라고. 타고난 신체 구조 때문이다. 이러한 의견은 '절벽에서 점프를 해서 비행을 했다'고 믿는 학자들에게는 큰 타격인 셈이다. 더욱이 익룡은 땅 위를 걸어 다니는 데도 익숙지 않았을 수 있다. 대신 익룡은 마치 박쥐같은 움직임을 가졌을 거라고 말한다. 어딘가 어정쩡한 느낌의. 박쥐가 땅바닥을 걸어 다니는 동영상을 한번 찾아보라. 아마 기이하다고 느낄 것이다. 하지만 그런 박쥐의 움직임도 〈왕좌의 게임〉 속 대니의 드래곤인 드로곤Drogon이 움직이고 비행하는 모습과 어딘가 닮아 있다.

그렇다면 익룡의 움직임에 대한 정보는 어떻게 얻은 걸까? 물론 더 이상 실제의 익룡을 관찰할 수는 없다. 물론 관련 정보를 하나하나 집대성해 볼 수는 있다. 화석으로부터 몸과 날개의 크기, 골밀도, 엄청나게 긴 다리 등등에 대한 정보를 습득한 후, 이를 컴퓨터에 옮겨서 익룡의 모델을 구성해 보는 거다. 하비브 박사가 마련한 이런 모델에 따르면, 익룡의 비행 가능성은 매우 높다. 커다란 날개를 펼쳐서 강한 날갯짓으로 이륙을 향한 발판을 마련했으리라는 것이다. 흡혈 박쥐의 비행도 이와 흡사하다. 드래곤의 이륙은 드래곤을 직접 타는 대니 같은 인물에겐 매우 중요한 문제다. 드라마에서는 드래곤이 힘껏 달리다 날개를 펼치기 위한 유유한 활공을 시작한다. 더욱이 비행에 더 큰 박차를 가한 건 드로곤에 목숨을 건 타르가르옌 가의 원대한 희망이 아니었을까.

불을 내뿜는 드래곤이 존재했을까

파이어 브레스fire breath, 즉 드래곤이 입으로 불을 내뿜는 것은 비행보다도 어려운 문제다. 어쨌든 현재 자연에서 일어나는 일은 아니니까. 그러나 훨씬 더 작은 생명체에서 그 비슷한 행동이 보이기는 한다. 그 행동 양상이 반대이기는 하지만. 폭탄먼지벌레bombardier beetle가 그 주인공이다. 폭탄먼지벌레는 위협을 느끼면 복부에서 뜨거운 독성의 화학 물질을 분출한다. 몸체 내부에 과산화수소와 하이드로퀴논hydroquinone이라는 두 물질을 저장하며, 이를 몸 내부의 또 다른 공간에서 물과 촉매 효소와 함께 섞어 뜨겁고 폭발적이며 가스로 가득한 물질로 변형시키는 것이다.

물론 이런 자그마한 생물체가 표백제 같은 물질을 방귀처럼 분출하는 모양새는 고대 발리리아Valyria의 위상에는 걸맞지 않다. 그럼 다른 선택지는 무엇일까? 그중 하나는 다시 말 그대로 '방귀가 지닌 위력'이다. 많은 이들이 알듯이, 자연에는 가연성 가스를 뿜어내는 생물들이 많다. 내친김에 장 가스가 지닌 힘을 더 과장해 보기로 하자. 예를 들어 가스에 전기 진동에서 발생하는 스파크(참고로 전기 장어는 600볼트 이상의 전기를 내보낼 수 있다)를 접목하면, 드래곤의 '파이어 브레스'에 꽤나 근접한 상태에 도달할지도 모른다.

이런 얘기를 꺼내 송구스럽지만, 인간의 방귀도 메탄과 황화수소로 이루어져 있다. 따라서 방귀에 세 병의 발효 사과술과 담배용 라이터라는 두 친구만 더한다면 강력한 폭발이 발생할 수 있다. 만약 인간의 몸에 정교한 생물학적 재구성이 이루어져, 이런 물질이 적절한 장소에서 뿜어져 나온다고 해 보자. 그런다 해도 인간의 가스는 하렌할의 타워를 부숴 버릴 만큼 거대한 양이 만들어지기 힘들다.

이런 점에서는 반추동물ruminants(위가 네다섯 개의 방으로 나뉜 사슴 · 기린류의 되새김동물)이 완전한 이점을 확보한다. 여러 개로 나뉜 위장에 메탄을 생성하는 박테리아가 가득 차 있기 때문이다. 소 한 마리는 하루에 250~500리터의 높은 가연성을 지닌 메탄을 생성한다. 그리고 그 대부분이 트림으로 분출된다고 한다. 2013년에는 독일의 라스도르프Rasdorf 지역에서 이런 보고도 있었다. 소 떼 중 특정 병에 걸린 소 한마리가 우연히 정전기와 접촉하면서 '외양간의 지붕을 거의 날려 보낼 뻔 했다'는 것이었다(아무리 가스가 많은 소라도 가스만으로 이런 일을 저질렀다는 데는 의심의 눈초리가 던져지기는 했다).

물론 타르가르옌 가의 시초인 아에곤Aegon 왕의 드래곤인 '검은 공포 발레리온Balerion the Black Dread'의 위력은 소와는 비교조차 안 될 거다. 하지만 누가 알겠는가. 인간 세상 버전의 대너리스가 유전자 변형을 통해 입으로 불을 내뿜는 암소 등에 올라타고 당당히 왕위 찬탈을 위한 전쟁을 벌일는지.

그렇다면 이 입으로 불을 내뿜는 '파이어 브레스'라는 개념은 어디서 온 걸까? 우리의 선조들이 공룡의 화석을 보고 얻은 생각이라는 가정이 지배적이다. 그 거대한 공룡 뼈를 둘러쌌을 법한 무시무시한 비늘과 위풍당당함을 떠올렸을 거라는 이야기다. 공룡의 화석이 많이 발견된 중국, 잉글랜드와 웨일스에는 드래곤에 대한 신화도 많이 전해져 내려오는 경향이 있다. 그래도 우리의 의문은 풀리지 않는다. 자연 현상으로 '파이어 브레스'는 찾아볼 수조차 없는데, 도대체 어디서 시작된 개념일까?

오랫동안 이에 대한 몇몇 흥미롭고도 서로 전혀 다른 이론들이 세워져 왔다. 그중 지워버려야 할 하나는 '마치 불을 내뿜는 것처럼 보인다'는 식의 이론이다. 예를 들면, '코모도왕도마뱀의 양 갈래로 갈린 핑크색 혀가 마치 불꽃처럼 보인다… 특히 눈을 가늘게 뜨고 보면?' 이런 식의 생각 말이다. 과연 우리의 선조가 혀를 쭉 내밀어 몸단장하는 드래곤류 동물의 모습을 보고 그런 얘기를 지어냈을까? 물론 가능한 일이긴 하다. 하지만 우리의 조상들이 그렇게 겁쟁이에 근시안들이었을까? 그러니, 이 이론은 아니라고 해 두자.

인류학자 데이비드 존스David E. Jones는 저서 『드래곤을 향한 본능An Instinct for Dragons』에서 좀 더 그럴싸하고 흥미로운 이론을 내놓았다. 재미있게도, 그는 인간의 '드래곤'이라는 동물에 대한 공포는 인간사 그 자체보다도 오래된 것일 수 있다고 주장했다. 특정 포식자들에 대한 공포가 인간 진화를 따라 계속 전해져 내려왔기 때문이다. 우리 현대 인간들은 우아하게 페이스북 상태를 업데이트하고 스타벅스 커피를 마시며 산다. 그럼에도 과거의 털북숭이이며, 발 빠르고, 나무 위에 살던 인간으로서 무서운 포식자 세상에 대한 공포가 여전히 내면에서 꿈틀댄다는 것이다. 잠들기 전 미끈한 가죽 표면이 스르륵 지나가는 소리, 브런치를 먹다가 불현듯 들리는 목구멍 깊숙이 그르렁대는 소리 등등을 기억하고 느끼는 식으로 우리 내면에 그 본능이 숨어 있다는 말이다.

존스에 따르면, 아프리카의 버빗원숭이vervet monkeys는 특히 세 종류의 포식자들에 대해 민감한 공포를 느낀다고 한다. 큰 뱀, 큰 고양이와 맹금류(독수리 · 올빼미 · 매 등)가 그들이다. 버빗원숭이들은 이들을 발견할 때마다 날카로운 경고 울음소리를 낸다. 만약 우리가 뱀이나 사자, 매 등을 마주쳤다고 하자. 무엇이 먼저 떠오를까? 존스는 그의 저서에서 매우 진지하게 바로 '드래곤'이라고 설명한다. 하늘로 솟아오르는, 온몸이 비늘로 뒤덮인 드래곤에 대한 마음속 이미지가 인간 및 버빗원숭이가 필사적으로 피하고자 하는 포식자들에 대한 자동 반사적인 기억으로 떠오른다는 이야기다. 존스의 주장에 따르면, 드래곤에 대한 공포는 진화의 과정에서 인간의 상상력에 크게 자리를 굳혀 왔다고 한다. 백만 세대 넘게 전해져 내려오면서 말이다. 따라서 우리들이 '상상 속의 드래곤'을 떠올리는 건 너무나 쉬운 일이라는 거다.

수천 년 동안, 포유류에 속하는 우리 조상들은 늘 위험이 도사리는 위협적인 세상에서 살면서 하나의 단순한 결정을 내려야만 했다. 바로 '싸울 것인가, 도피할 것인가?'였다. 오늘날의 현대 인간들은 물론 훨씬 더 복잡한 결정을 내릴 때조차 더 다양한 선택지가 있다. 투쟁과 도피 이외에도, 느긋하게 딴청을 부리면서 페이스북으로 남동생의 직장 동료 결혼식 사진을 본다든가 하는. 그러면서 자신의 삶을 한탄하기도 하고 말이다. 그러나 선사 시대에는 상황이 전혀 달랐을 거다. 사자, 매와 뱀이라는 두려운 삼총사를 만나서도 도망치지 않았던 선사 시대 인간들은 후손에게 유전자를 물려줄 만큼 오래 살지 못했을 것이다. 삼총사 중 하나가 자손을 낳을 틈도 주지 않고 잡아먹어 버렸을 테니까. 즉, 겁 많고 조심성 많은 생물들은 비명을 지르고 냅다 도망가 버린다(그리고 똑같이 겁 많은 자손들을 낳았을 거다). 그러니 가장 겁 많은 자가 생존했다고 해도 과언이 아니다.

오늘날 우리들은 매우 다른 종류의 두려움에 의해 동기 부여를 받고 살아간다(배고픈 사자를 경계하는 동안 심심풀이용으로 이 책을 읽는 독자들은 없길 바란다. 만약 그렇다면 제발 정신 집중하기를). 하지만 불필요한 걸 알면서도, 우리의 몸은 약간의 향수를 느끼면서 인간 진화의 초기 단계에 머무르려는 것이다. 만일의 사태에 대비하기 위해서. 예를 들어, 인간에게 꼬리가 있었던 시절의 흔적인 꼬리뼈가 지금도 우리 몸에 남아 있지 않는가. 또, 남녀 모두 수유가 가능했을 시절의 흔적인 남성 유두도 있다(모두 진화론적으로 가능성이 있는 얘기다). 물론, 이 '드래곤에 대한 공포' 이론이 맞는지에 대한 확신은 없다. 하지만 적어도 버빗원숭이에게 디즈니의 만화 영화 〈로빈 후드〉는 보여 주지 말아야 하겠다. 로빈 후드가 활동했던 셔우드 숲Sherwood Forest에 등장하는 모든 악당 캐릭터가 사자 아니면 비단뱀, 매 따위로 묘사되니 말이다. 오소리로 묘사되는 로빈 후드의 열정적인 친구 터크 수사Friar Turk 캐릭터도 안심하고 즐기면서 볼 수 없다니 안타까운 일이다.

그렇다면 정확히 나무 위 털북숭이 시절의 위험 경고와 파이어 브레스는 어떤 연관이 있을까? 존스는 이렇게 설명한다. 소설들 속에 나오는 드래곤 중에서 '불'을 내뿜지 않는 드래곤도 있긴 하지만, 대부분 드래곤이 내쉬는 날숨은 유독하다고 묘사된다. 독성이 있고, 연기가 뿜어져 나오며 뜨겁다고.

고양잇과의 포식자들에 대입해서 한번 생각해 보자. 갓 잡아먹은 신선한 고기 냄새를 풍기는, 뜨거운 입김이 차가운 아침 공기 속에 퍼지는 모습. 이런 풍경은 원숭잇과에 속하는 채식주의자인 우리 조상들을 공포에 벌벌 떨게 만들었을지도 모른다. 그러나… 이 역시 그다지 말이 되지는 않는다. 필자도 채식주의자이지만, 최근에 빅맥 햄버거를 게걸스레 먹어치운 지인과 얘기를 할 때 소화기에 손이 가지는 않았으니까. 존스의 이론이 흥미롭고 상당히 설득력이 있지만, 현재 우리가 직면한 진짜 드래곤의 '파이어 브레스'에 대한 충분한 답변은 되지 못하는 듯하다.

파이어 브레스가 정말 불이라면 어떨까? 만약 사람들이 무시무시한 드래곤이 불을 내뿜는 것을 믿게 된 계기가, 직접 두 눈으로 타오르는 파이어 브레스를 목격했기 때문이라면? 작가 매트 카플란Matt Kaplan은 그의 저서 『괴물의 과학Science of Monsters』에서 이 가설이 사실일지도 모른다고 밝혔다. 서구 역사에서 드래곤은 대개 동굴, 혹은 지하 깊숙이 살며 보물을 지키는 존재라고 믿어졌다. 만약 우리의 선조들이 지하를 탐험하며 자원을 캐거나, 값진 유물을 캐기 위해 고대 무덤가를 급습했다고 가정해 보자. 아마도 천연 가스를 마주했을 확률이 높다. 특히 강한 폭발성 화학 물질인 메탄을 말이다. 메탄은 이 지하 탐험가들이 어둠을 밝히려 가져간 촛불의 불꽃과 만나 무섭게 점화될 수 있다. 이에 카플란은 약 5세기경 중세시대 브리튼의 군주였던 보르티겐Vortigen의 이야기를 들려준다.

하루는 웨일스 지방의 한 성이 무너져 가는 것을 두고, 군주 보르티겐은 주위의 고문들에게 어찌해야 좋겠느냐고 물었다. 그러자 고문들은 아버지를 여읜 한 소년을 찾아내 제물로 바치자고 답했다. 소년의 피가 뭔지 모를 건축물의 문제점을 가라앉힐 것이라고 우긴 거다(마치 영국 TV쇼 '그랜드 디자인Grand Designs(건축물의 문제점을 찾아 개선하는 TV쇼)'의 가장 끔찍한 에피소드 배경처럼 들리지 않는가). 그리하여 한 서자 아이가 발탁되어 보르티겐 군주 앞에 서게 되었다. 그런데 아이는 성에 대해 전혀 다른 의견을 내놓는 것이었다. 바로, 문제의 성 지하에는 드래곤들이 싸우고 있으니, 성을 가까운 다른 곳에 새로 지어야 한다는 거다. 보르티겐 군주는 지혜롭게 이를 받아들여 아이의 목숨을 구해 주었다. 그리고 다시는 그 문제를 꺼내지 않았다. 훗날 이 아이가 바로 『아서왕 이야기』에 나오는 영국 전역 최고의 마법사 멀린Merlin이 된다. 그런데 카플란은 이에 대해 이렇게 말한다. 당시 이 악몽 건축 시나리오가 벌어졌던 웨일스 지역은 석탄이 풍부한 지역이어서, 성의 문제점은 천연가스와 연관될 수도 있다고 말이다. 멀린이 위대한 마법사일 뿐 아니라, 부업으로 지질학자로 일하고 있던 걸까?

지하의 천연가스 폭발이 마치 용들의 장엄한 싸움을 연상시킨다는 발상은 조금 무리일지도 모른다. 하지만 예를 들어 극적인 산사태 후에 지하에서 드래곤의 것처럼 보이는 공룡 뼈가 발견됐다고 해 보자. 꽤 근사하게 들어맞는 이론이 될 수도 있지 않겠는가.

타르가르옌 따라잡기: 드래곤의 혈통

타르가르옌 왕조의 걷잡을 수 없이 변덕스러운 행동은 오랫동안 웨스터로스 일대에 큰 정치적 영향력을 발휘해 왔다. 혹시 그 변덕이 특이한 가풍 때문은 아닐까? 제이미 라니스터Jamie Lannister와 세르세이 라니스터Cersei Lannister는 남매간에 '혐오스러운 짓'을 장소를 불문하고 해 왔다고 질타를 받았다. 타르가르옌 왕조는 달랐다. 근친상간적 성향을 전혀 숨기려 하지 않으니까. 오히려 근친상간의 혈통을 자랑스럽게 여긴다.

타르가르옌 가는 그들의 특별한 '드래곤 혈통'을 최대한 보존하기 위해 근친혼을 장려한다. 사실 누가 이들을 비난할 수 있겠는가? 근친상간이 어쨌든 그들에 특수한 능력을 부여하는지도 모르니 말이다. 예를 들어, 열에 대한 저항력이라든가, 파이어 브레스를 내뿜는 드래곤과의 호흡, 그리고 금백색의 머리카락까지. 이 모든 게 야심만만한 여성, 대너리스에게는 꽤나 유용하게 쓰이지 않았는가. 하지만 이런 식으로 왕조가 근친혼을 유지할 경우 어떤 일이 생길까? '유전학의 아버지'라 불리는 그레고어 멘델Gregor Mendel의 세계에서 이 모든 유전학과 혈통의 요소는 어떻게 작용할까? (〈왕좌의 게임〉에 나오는 그레고르 클레게인Gregor Clegane과 혼동하지 말 것.)

근친상간의 문제점은 뭘까? (크리스마스 같은 휴일에 가족 간에 얼굴 붉힐 수 있다는 점은 제외하고 말이다.) 가장 큰 이유는 눈에 띌 정도의 열성 유전을 일으킬 수 있다는 것이다. 우리 인간의 모든 세포는 부모 양쪽으로부터 하나씩 물려받은 두 쌍의 유전자를 가진다. 그래서 어머니, 혹은 아버지로부터 물려받은 온갖 종류의 잠재적인 열성 유전자를 지닐 수도 있는 것이다. 물론 이런 열성 유전자는 부모 어느 한쪽으로부터 물려받은 우성 유전자와 대립되어 이에 억눌리면 발현되지 않는다. 반면, 겸상적혈구빈혈증sickle cell anemia이나 낭포성 섬유증cystic fibrosis과 같은 보통염색체열성질환autosomal recessive disorder은 부모 양쪽에서 똑같은 열성 유전자를 물려 줄 때만 나타나는 질환이다. 그리고 부모 양쪽이 똑같은 열성 유전자를 지닐 확률은 부모가 모두 같은 집안 출신일 때 현저히 높아진다.

아마도 가장 잘 기록된 유럽 왕족의 근친혼 사례는 17세기 스페인에서였을 것이다. 일명 '미치광이 왕'이라 불렸던 스페인의 찰스 2세는 집안의 모든 소유물을 움켜쥐려 했던 합스부르크 왕가의 고집이 근친혼으로 이어진 결과물인 셈이었다. 이 '동족결혼 정책', 즉 근친혼 유지는 200년이 넘게 지속됐으며, 11번의 결혼 중 9번이 근친혼이었다고 한다. 찰스 2세의 어머니는 그의 아버지의 조카였으며, 그의 할머니 역시 그의 이모였을 정도였다. 1550년 이후에는 단 한 명의 외부인도 스페인 왕가와 결혼으로 맺어진 일이 없다고 한다. 그리하여 1661년에 찰스 2세가 태어났을 때 왕가는 그야말로 근친혼의 절정을 겪고 있었다. 찰스 2세는 허약한데다가 항상 질병을 앓았으며, 발육이 더딘 상태로 성장했다. 심지어 말하는 것조차 온전치 않았다. 유전학에 대해 알 리가 없던 합스부르크 왕정의 의사들은 당혹스러워 했다. 찰스 2세가 왜 그렇게 건강 문제를 겪는지도 설명하지 못했다. 급기야는 유명한 스페인의 종교 재판까지 개입했다. 관리들은 귀신을 쫓는 엑소시스트exorcist를 불러서 '왕이 귀신이 들렸는지'를 사탄에게 직접 물어보라 요구했다. 그 대답은 예상대로 '그렇다'였다(한 마녀가 살인자의 뇌를 갈은 주스와 핫초콜릿 한 잔을 두고 벌인 저주 때문이라는 설명이었다). 그러나 귀신 들렸다는 찰스에게 처방된 물약 및 치료법은 그의 건강을 더욱 악화시킬 뿐이었다. 결국 찰스는 38세의 나이에 후손 없이 죽고 말았다. 왕의 시신은 부검을 거치지 않는 게 관례였다. 하지만 찰스가 마법에 걸려 죽었다고 믿는 이들이 많았던 데다, 그의 죽음에 대한 대중의 관심이 높았기에 의사들이 나서서 설명에 개입하게 되었다. 다음과 같은 찰스의 시신 부검에 대한 기록은 꽤나 섬뜩하게 들린다.

"후추 한 알처럼 매우 작은 심장과… 창자는 패혈증과 괴저증에 걸린 것으로 보이며… 고환 한쪽은 석탄만큼이나 까맣고, 머리는 물로 가득 차 있었다."

'스페인 합스부르크 왕가의 마지막 왕'으로서 찰스 2세의 죽음은 유럽 왕조에 대 격변을 일으켰다. 이는 결국 스페인 계승전쟁(1701~1714년)으로 이어지게 된다. 거대한 합스부르크 왕국을 지배하려는 경쟁 세력들 간의 다툼으로 인해 수천 명이 목숨을 잃었다고 한다.

근친혼이 항상 최악의 파국으로만 치닫는 건 아니다. (혹은 이상한 맛이 나는 핫초콜릿 탓을 하게 되거나.) 한편으론 일정 시간 동안의 근친혼은 특정 인구 집단 내의 해로운 열성 유전자의 영향을 제거한다는 증거가 있기 때문이다. 이 '해악한' 유전자는 그 특성을 드러내기가 훨씬 쉽다. 따라서 이 유전자를 물려받은 자손들은 죽음에 이를 확률이 높다. 즉, 거듭된 근친혼이 어느 한 개인에게는 대개 부정적 영향을 끼치지만, 인구 전체로 볼 때는 꽤나 괜찮은 일이라는 이야기다. 한 예로, 학자들은 치타가 수천 년 전에 '개체군 병목 현상population bottleneck'을 겪었을 거라고 본다. 그래서 모든 치타들은 유전적으로 서로 밀접한 관련을 갖지만, 유전적 질병 또한 놀랍도록 적다고 한다. 한 무리의 치타 안에서 유전적 다양성이 적다는 것은 그만큼 똑같은 질병에 걸려 사망할 가능성이 높다는 뜻이다. 개체들이 같은 병에 다르게 반응해서 생존할 수 있을 만큼 서로 간에 다르지 않기 때문이다.

로버트 바라테온Robert Baratheon은 타르가르옌 왕조를 멸망시키기 위한 왕위 찬탈 전쟁 당시 에다드 스타크Eddard Stark(네드Ned라는 별칭으로도 불림)와 타이윈 라니스터Tywin Lannister의 힘을 빌린 바 있다. 하지만 실은 가장 효과적인 방법은 특히나 지독한 독감을 퍼뜨려서 타르가르옌 가를 멸족시키는 게 아니었을까? 나는 이 이론을 스코틀랜드 소재 애버딘 대학교의 유전학 권위자인 조너선 페티트Jonathan Pettit 박사에게 말해 보았다. 그는 친절히 답했지만, 이 이론에 대해선 회의적이었다(타르가르옌 멸족뿐만 아니라, 이를 현실 세계에 적용하는 것까지도). 페티트 박사는 유전적 다양성이 감소한다고 해서 멸족의 가능성이 높아지는 건 아니라고 했다. 그리고 개체 수가 작은 집단이라면, 그 이유 하나만으로도 멸족의 가능성은 이미 높은 거라고 지적했다. 동족의 수가 별로 없다면, 어떤 불운이 하나만 닥쳐도 종의 운명은 다할 수 있기 때문이다. 유전적 다양성과는 별개로 말이다. 만약 대너리스가 살아 있는 마지막 타르가르옌이라면, 그녀의 갑작스러운 죽음을 경계해야 할까? 그럴 필요까지는 없을 것 같다. 〈왕좌의 게임〉 시즌 6에서 그녀가 도쉬 칼린Dosh Khaleen 사원에서 지도자들인 칼Khal들을 불태우는 장면을 기억해 보라. 여전히 그녀는 불타지 않은 채 알몸으로 '짠' 하고 나타나지 않는가. 마치 잔 다르크 같은 모습으로. 대너리스에 관한 한, 시청자들이나 과학계가 당분간 너무 염려할 필요는 없을 듯싶다.

제 2 장

불의 힘

와일드 파이어

블랙워터Blackwater 전투의 절정에서, 스타니스 바라테온Stannis Baratheon의 최강 함대는 사면초가에 몰린 수도 킹스랜딩에 대항해 싸우고 있었다. 이때 조프리 바라테온 왕의 핸드hand(왕의 수관)라는 탐탁지 않은 직분을 맡고 있던 티리온 라니스터는 침략해 오는 최강 함대를 향해 단 한 척의 배를 내보낸다. 그 배는 와일드 파이어wild fire로 가득 차 있었다. 이윽고 티리온의 친구인 용병 브론Bronn이 쏜 불화살이 배에 닿자, 급격히 불이 붙은 배 안의 와일드 파이어가 온통 터져 버린다. 그리고 불길은 순식간에 옹기종기 모여 있던 스타니스의 함대를 휘감아 버린다.

와일드 파이어는 거친 웨스터로스 전쟁사에서 어딘가 모르게 찝찝한 기분을 불러일으키는 창의적인 산물이다. 그 이름 그대로 마치 산불처럼 눈앞의 모든 것을 불태우며 퍼져 버리기 때문이다. 와일드 파이어는 본디 마지막 드래곤이 죽은 후, 타르가르옌 가의 주도하에 드래곤 파이어를 대체하기 위해 개발되었다. 그 제조법은 연금술사 길드에 의해 철저히 비밀에 봉해졌다. 웨스터로스 왕국 내 개화가 덜 된 지역에서는 와일드 파이어를 '화염술사의 소변pyromancer's piss'이라 부른다고 알려져 있다. (주의의 말: 만약 자신의 소변이 사람을 산 채로 태워 죽이거나 함대를 화염에 휩싸이게 만든다면, 이 책을 내려놓고 빨리 의학적 도움을 청할 것.)

호전적인 우리 인간들도 현실 세상에서 와일드 파이어의 무시무시한 화염에 버금가는 무기를 과학의 힘으로 창조한 것을 어렵지 않게 알 수 있다. 1940년대에 유기 화학자인 루이스 피저Louis Fieser가 이끄는 하버드대학 연구 팀은 고체 연료에 끈적끈적한 물질을 섞어서 좀 더 오래 연소하고 표면에 눌어붙는 경향이 있는 젤리 같은 물질을 만들어 냈다. 이를 네이팜Napalm이라 부른다. 응고를 시키는 성분인 나프텐산naphthenic acid과 팔미트산palmitic acid의 이름을 따서 명명한 것이다. 네이팜은 주로 석유를 바탕으로 하는 젤 형태의 고농도 연료로서 지붕 위나 가구 표면, 심지어 피부에도 달라붙는 경향이 있다. 석유를 바탕으로 하기에, 네이팜은 장시간 연소 가능하며, 물로는 진압할 수 없다. 마치 웨스터로스의 와일드 파이어처럼 말이다. 베트남전에서 네이팜의 무시무시한 위력은 악명 높았다. 결국 80년대에 들어서 UN은 민간인에 대한 네이팜 사용을 전면 금지시켰다.

제2차 세계 대전 당시에는 실제로 조지 마틴의 상상력에서 나온 장면처럼 네이팜을 이용하려는 움직임이 있었다. 미군에서 박쥐에 네이팜을 장착하려고 했던 것이다. 실제로 말이다. '네이팜 박쥐 살인마'라니! 이 군사 계획은 프로젝트 X-Ray라고 불렸다('프로젝트 박쥐똥'이라는 이름을 붙일 수는 없는 노릇이니까). 미군에서는 피저 박사에게 박쥐들이 적군 진영으로 지니고 날아갈 수 있는 소이탄을 개발해 달라 요청했다. 결국 피저 박사는 나이트로 셀룰로스[nitrocelluose] 재질의 직사각형 케이스에 걸쭉한 등유를 채우고, 한쪽 구석에 시간 지연 점화 장치를 심어 두는 장치를 개발했다. 이 특이한 작전은 실은 라이틀 애덤스[Lytle S Adams]라는 펜실베이니아에 사는 60대 치과 의사가 고안한 것이었다. 그는 당시 미 대통령이던 프랭클린 루스벨트에게 다음과 같은 세세한 내용의 편지를 썼다.

"오랫동안 인간 세상의 종탑과 터널, 동굴 속에서 서식하던 수백만 마리의 박쥐들은 하나님의 뜻에 의해 오늘의 역할을 기다리고 있었습니다. 즉, 자유로운 인간의 존재를 위한 계획에 동참함으로써, 인간의 삶을 저해하려는 어떠한 시도도 미연에 방지하려는 것으로….”

루스벨트는 ‘박쥐를 자유세계의 수호자로 삼자’는 애덤스의 의견을 재빨리 받아들였다. 군대에는 이 십자군과도 같은 치과의사를 소개하며 ‘이 자는 미친 자가 아니오’라고 강조했다.

하지만, 웨스터로스에서와 마찬가지로, 이 강력한 무기는 대상을 가리지 않고 모조리 불태워버리는 경향이 있었다. 소위 ‘박쥐 폭격기’는 시험 과정에서 실수로 그만 미군 기지를 불사르고 말았다고 한다. 게다가 제2차 세계 대전 동안 이 치명적인 화염 무기의 사용은, 더 무서운 무기인 원자 폭탄Atomic Bomb의 더 빠른 개발 탓에 좌절되고 말았다. 그러니 원자 폭탄과 같은 최후의 무기에 비하면, 킹스랜딩에서 벌어지는 모든 전쟁과 전술은 그다지 치명적이지 않은 건지도 모른다.

초록 눈을 가진 괴물, 와일드 파이어의 귀환

첫 등장한 지 몇 시즌이 지난 후 와일드 파이어는 시즌 6의 피날레에 웨스터로스로 극적인 귀환을 했다. 세르세이가 자신에 대한 재판이 끝난 후, 바엘로르 대성당Great Sept of Baelor에 모인 적들에게 보인 복수는… 가히 폭발적이었다. 킹스랜딩의 가장 큰 건물인 대성당은 커다랗고 성스러운 석조 건물로, 그 크기와 존재감이 마치 런던의 세인트 폴 대성당, 혹은 이스탄불의 성소피아 성당과 견줄 수 있을 정도다.

수년 전, 세르세이의 남편 로버트 바라테온이 철왕좌Iron Throne에 앉기 전 왕위에 있었던 타르가르옌 가의 아에리스 2세는 킹스랜딩 지하 곳곳에 와일드 파이어를 숨겨 두었다. 바엘로르 대성당 지하에 비축돼 있던 이 위험천만한 와일드 파이어에 불이 닿자, 세르세이의 걱정거리는 아주 간단히 녹색 화염 더미 속으로 사라지고 만다. 그 얼마나 거센 초록 불길인가. 우리의 세상에도 그런 어마어마한 폭발을 일으킬 수 있는 게 있을까? 불길이 초록색이건, 다른 색이건 말이다.

이에 대해 에든버러 대학에서 화재감식학 강의를 맡고 있는 로리 해든Rory Hadden 박사와 대화를 나눠 보았다. 문제의 베일로르 대성당 대화재를 어떻게 보는지에 대해. 그러자 그는 현실 세계에서 비슷한 사건을 찾는 건 어렵다고 답했다. 왜냐하면 와일드 파이어의 경우, 예를 들어 군사 상황에서 보는 것과 같은 '응축 상태 폭발물'이 아니기 때문이다. 응축 상태 폭발물은 불길을 일으킨다기보다는, 거센 초과 압력을 일으킨다. 이는 정상적인 대기압 수준을 훨씬 웃도는 충격파로, 예를 들어 음속 폭음Sonic Boom(제트기가 내는 큰 소음) 후에 생기는 현상이다. 킹스랜딩에서의 사건은 물론 폭발이었지만, '폭연deflagration'의 요소도 있었다. 폭연이란 우리가 흔히 말하는 '화재'로서 많은 불길을 동반한다. 그러니, 와일드 파이어가 대성당을 파괴하는 장면은 상당히 특이한 조화인 셈이다. 거센 초과 압력과 불길을 동시에 보여 주니 말이다. 어쩌면 와일드 파이어도, 본디 드래곤 파이어가 그랬던 것처럼 어떤 마법의 요소를 지니고 있는 게 아닐까? 화재 전문 과학자이자 엔지니어인 기예르모 레인Guillermo Rein 박사도 이에 동의한다.

"와일드 파이어는 폭발과 연소의 차원을 동시에 가진, 여태껏 알려진 바 없는 새로운 화학 물질인 듯싶네요. 연료와 그 연료의 산화제oxidiser를 복합적으로 지닌 물질인거죠. 그래서 그렇게 폭발력이 큰 겁니다. 그러면서 동시에 '확산 불꽃'과 같은 현상을 보이죠. 즉, 불길이 주변 공기 내의 무언가와 반응한다는 뜻입니다. 저는 그게 산소라고 말하고 싶습니다만, 혹시 모르죠, 그 '마법'의 물질이 질소에 반응을 일으키는 건지도요."

질소는 우리가 사는 세상의 대기에 가장 풍부한 가스가 아닌가. 어쩌면 그 '마법'이라는 건 생각보다도 더 끔직한 건지 모른다. 번지는 녹색 광채를 보며 우아하게 와인을 홀짝이는 세르세이의 평온한 표정보다는 훨씬 더.

고약한 성질머리: 검을 정확히 휘두르는 법의 미스터리한 과학

이런 얘기는 늘 있어 왔다. 어느 날, 누군가가 갑옷을 쉽게 뚫어 버리는 정말 멋진 강철 무기를 만들어 낸다. 사내는 검의 자루를 영원히 손에 잡고 평생 세상을 호령할 줄로만 안다. 그러다가 그만 그 무기의 제조법을 까먹는다. 그리고 그 무기의 역사는 그걸로 끝이 난다.

동쪽 땅인 에소스[Essos]에서도 정확히 이와 같은 일이 일어났다. 5천 년 이상 매우 노련한 마법사 몇 명이서 웨스터로스의 마법을 써서 발리리안 강철로 검과 단검을 만들어왔다. 완벽한 공예의 절정을 달리는 무기들을. 드래곤 파이어에 단련된 단단한 검날은 놀랍도록 강하고 날카롭다는 무시무시한 명성을 얻어왔다. 게다가 어떤 극단적인 온도에서도 견뎌낸다. 석유처럼 새까맣고, 수천 가지의 정교하고 세세한 물결무늬로 뒤덮인 발리리안 강철 검들은 칠왕국 전역의 드래곤 전사들이 탐내마지 않은 무기가 되었다. 그러다가 발리리아의 몰락이

덮쳤고, 마법사들도 마법의 힘을 잃었다. 그러면 그 모든 드래곤 전사들은 어떻게 됐을까? 나무 막대기에 알루미늄포일이라도 두르고 다닌 걸까? (생각만 해도 민망한 일이기는 하다.)

개인적으로 검 제조법에 큰 매력을 느끼게 됐다. 특히 검날의 담금질과 뜨임과정에. 에소스의 영웅 아조르 아하이[Azor Ahai]와 그의 불타는 검, '라이트 브링어[Light Bringer]'에 대한 전설을 듣고 나서부터였다. 웨스터로스의 전설에 따르면 겨울의 힘과 화이트 워커[White Walkers](백귀 혹은 아더[The Other]라고도 함)를 물리치고, '새벽을 위한 전투[Battle for the Dawn]'에서 승리하기 위해 아조르 아하이는 대적할 데 없는 최고의 검을 만들 것을 요청받았다. 그러나 여러 번의 시도 끝에도 만들어낸 검마다 끝내 부러지고 마는 것이었다(『바보들을 위한 검 제조법』 책을 보고 담금질을 했는지도 모르겠다). 결국 그는 검날을 세상에서 가장 사랑하는 부인 니사니사[Nissa Nissa]의 심장 깊숙이 찔러 넣었다. 그녀는 죽었고(당연한 결과지만), 다행히도 검은 건재했다. 물론 당시에 많은 감정적 갈등이 있었을 거다(특히 니사 니사의 마음에). 어쨌든 얘기를 계속 이어가 보자. 이제, 드디어 딱 알맞은 명검이 탄생한 거다.

이제, 칠왕국은 새로운 영웅의 귀환을 기다리고 있다. 일명 '붉은 마녀'로 불리는 멜리산드레Melisandre는 이 '약속된 왕자' 즉, 아조르 아하이의 재림이 로버트 바레테온의 동생 스타니스 바라테온이라 강력히 주장했다. 멜리산드레는 스타니스에게 마치 전설의 라이트 브링어처럼 불길을 일으킨다는 마법 검을 주었다. 하지만 검은 열을 뿜어내는 데 실패하고 만다. 모든 게 진정한 마법이라기보다는 그녀의 술수에 불과했기 때문이었다. (이 때문에 제물로 바쳐진 스타니스의 딸 시린Shireen은 자기도 살 수 있을 거란 헛된 희망을 품었을는지도 모른다. 도대체 멜리산드레는 왜 착하고 책을 사랑하며, 피부 트러블까지 있는 아이를 불태워 죽였을까?)

인간의 피로 검을 담금질한다는 생각은 정말로 판타지에나 나올 법하다. 그러나 조지 마틴은 실제로 십자군 전쟁 당시인 11세기 무렵 유럽 지역에서 사용된 다마스커스 강철Damascus Steel의 생산에 얽힌 섬뜩한 신화로부터 영감을 받은 게 틀림없다. 다마스커스 강철의 제조법은 중세시대 무기상들 사이에서 굳게 비밀에 부쳐졌다. 그런데 소아시아지역에서 발견된 고대 문서에 따르면, 정말로 엄청나게 뛰어난 검은 노예의 피로 뜨임질을 했을 확률이 있다고 한다. 한 고대 문서는 이렇게 말한다. 가치 있는 검이라면 '노예의 근육질 몸에 꽂히기 전' 에 '사막 위에 떠오르는 태양처럼' 빛날 때까지 데워져야 한다고. 그래야만 노예의 힘이 검 안에 스며든다는 것이다.

심지어 우리가 사는 현대 사회에서도 옛 강철 제조 과정에 대한 루머가 아직도 거론되고는 한다. '아랍인들은 강철 검을 노예에 꽂아 담금질을 했으나, 여기 더 나은 새로운 방법이 있다'라는 것이 20세기 중반 새로 개발된 냉각 오일을 소개하는 헤드라인이었을 정도로.

고대 열처리 방법에서 하나 주목할 만한 점은 당시에는 타이머나 온도계가 없었고, 열처리 과정에 대한 이해도 부족했기 때문에, 많은 부분을 경험에 의존했다는 것이다. 이런 탓에 철 제조와 관련한 비밀과 미신들도 만연했다. 그 불쌍한 노예들에 대한 루머가 제발 이런 미신에서 비롯된 것이길 바란다.

'완벽한 검날'을 향한 세 가지 단계

"마법의 강철을 이해하려면, 먼저 실제 강철에 대한 이해가 있어야겠죠." 캐나다인 재료과학자이자 발리리안 강철의 열렬한 팬인 라이언 콘셀Ryan Consell은 말한다. 검에 대한 열처리 과정은 상당히 복잡하다. 하지만 그 과정은 대개 다음과 같은 세 단계를 항상 거친다.

1. 균열
금속을 고온으로 가열하는 과정. 섭씨 700도 이상의 온도에서 몇 시간 정도를 유지한다. 가장 적절한 온도는 각각의 합금 종류에 따라 달라진다.

2. 담금질

이 단계에서는 금속을 급속 냉각하여 강철의 강도와 경도를 크게 높인다. 대체로 강철을 오일이나 물과 같은 액체에 담금으로써 진행된다. 금속이 냉각되는 속도는 매우 중요하다. 결정립crystal이 얼마나 거칠고 커질지, 어떤 침전물이 형성될지가 좌우되기 때문이다. 심지어 방안의 온도와 얼음물 간의 온도 차도 차이점을 만들어낼 수 있다. 검날을 담금질 하는 데 가장 많이 쓰이는 액체는 오일이다. 열방산heat dissipation을 하는 데 가장 적절한 온도를 갖추기 때문이다. 물론 어떤 합금에서 인간의 살과 피가 지닌 체온이 적절한 냉각온도를 제공할 가능성이 없는 건 아니다. 그러나 콘셀은 이렇게 덧붙였다. "사람에게 검날을 꽂는 것만으로 적절하고 고른 담금 온도를 갖는다는 건 정말 어렵고 있기 힘든 일이지요. 물론 불가능하다는 건 아니지만요."

3. 뜨임

담금질 후 검날은 너무 단단해지는 경향이 있다. 따라서 검날을 적절한 온도로 재가열해서 그 상태로 얼마간 유지하는 게 필요하다. 이를 뜨임이라 하는데, 상대적으로 낮은 온도인 섭씨 200도 정도로 가열하여 처리하면, 검날 내부의 조직을 연화, 안정시킬 수 있다. 그러면 검날이 충격에 의해 깨질 확률도 훨씬 적어지게 된다.

발리리안 강철의 비밀

『왕좌의 게임』에서 검은 큰 비중을 차지한다. 몇몇 판타지 역사 소설들과는 달리, 『왕좌의 게임』은 무기에 대한 묘사 및 싸움에서 이 무기들이 어떻게 사용되는지를 생생하게 전달한다. 무기 전문가들도 이에 대해 동조할 정도로. 우선 유튜브 동영상만 봐도 전문 검날 장인이 이를 인정하고 있음을 알 수 있다(게다가 이 검날 장인은 수염을 마치 고대 일리리안인Illyrian처럼 땋고 있어서 왠지 믿음이 간다). 물론, 개인적으로 그 신빙성에 대해 재차 확인을 해 보았음은 두말 할 나위 없다.

발리리안 강철의 잊힌 비밀을 발견하기 위해, 앞서 소개한 라이언 콘셀은 몇 년이고 에소스 전통문화에 심취했다고 한다. 그는 먼저, 평범한 강철의 특징을 되짚어 보았다. 강철은 많은 양의 철과 소량의 탄소를 섞음으로써 만들어진다. 반가운 점은 이렇게 탄생한 강철이 매우 단단하다는 점이다. 젤리로라도 검을 만들어 보려했던 사람은 누구나 알 것이다. 재료가 더 단단할수록, 검날을 갈기가 더 쉽다는 사실을. 물론 한 가지 문제점이 있기는 하다. 검날이 더 단단할수록, 부서지기도 더 쉽다는 점이다. 콘셀은 일반적인 강철 검은 적군의 방패에도 쉽게 부서질 위험이 있음을 재빨리 파악했다.

콘셀은 이번에는 스프링강으로 관심을 옮겨 보았다. 스프링강은 철에 극소량의 탄소를 섞은 후, 실리콘과 망간을 첨가하여 만든다. 일반적인 강철과 달리 스프링강은 한층 더 날카로움을 유지하면서도, 놀랍도록 단단한 검날을 만들어낼 수 있다. 콘셀은 스프링강이야말로 발리리안 강철의 모델이라는 생각에 이르렀다. 하지만 문제가 있었다. 발리리안 강철은 매우 높은 온도에서도 기능을 잘하는 반면, 스프링강은 드래곤이 작은 기침 같은 숨만 내뿜어도 맥을 못 추고 녹아버릴 것이기 때문이었다.

콘셀은 실망하지 않고, 과학자의 굳은 의지로 세 번째 후보를 찾았다. 바로 자경강air-hardened steel이었다. 자경강의 장점은 제작이 그리 까다롭지 않다는 것이었다. 세심한 열처리가 필요한 것도 아니고, 그저 공기 중에 식히면 그만이었다. 그러나 이 역시 문제점이 있었다. 자경강은 어두운 회색 정도로는 광을 낼 수 있지만, 발리리안 강철의 특징인 석유처럼 까만 빛과 정교한 물결무늬는 내기 힘들었다.

발리리안 강철의 모델 찾기를 포기하려는 찰나, 콘셀의 마음에 묘안이 스쳤다. '혹시 발리리안 강철은 실은 강철이 아닌 게 아닐까? '금속기지 복합 재료metal matrix composite'일 수 있지 않을까?'라는. 이 혁신적인 현대의 신소재는 세라믹 복합 재료를 금속 구조물에 더해줌으로써 얻을 수 있다. 여러 가지 복합 재료의 면모를 분석해 보던 중, 콘셀은 '타이타늄 실리콘 카바이드titanium-silicon carbide'라는 놀라운 재료를 발견하게 됐다(연구원들은 이를 TSC라고 줄여 부르기도 한다). TSC로 제작한 검날이라면 분명 놀랍도록 날카롭고 단단하며, 최고의 온도에서도 제대로 기능할 수 있을 것이었다. 뿐만 아니라 TSC만의 특수한 구조 덕에 칠흑 같은 색으로 가공이 가능하다. 또한, 발리리안 강철 검답게 회색 문양으로 '콘셀'이라는 글자도 새길 수 있을 터였다. 콘셀은 이렇게 말한다. "완전한 통제 하에 서로 다른 재료들의 특성을 한 데 섞는다는 게, 아마도 중세시대였다면 거의 마법처럼 느껴졌겠지요."

이렇게 몇 년의 시행착오 끝에 드디어 발리리안 강철의 비밀을 들춰낸 걸까? 그야 물론 정답은 알 수 없다. 하지만 콘셀의 결론은 그럴싸해 보인다. 누가 알겠는가. 콘셀이 한 손에는 타이타늄 실리콘 카바이드로 만든 검날을 다른 손엔 특허 신청서를 들고 코호Qohor(에소스 서부의 가장 동쪽에 위치한 도시, '마법사의 도시'라고도 부름)의 최고 대장장이에게로 달려가고 있을는지.

별이 떨어지길 기다리겠소, 검으로 만들 수 있도록

(메가데스megadeth의 노래를 들으면서)

〈왕좌의 게임〉에 나오는 모든 검이 발리리안 강철로 만든 것은 아니다. 〈왕좌의 게임〉의 세상에서 가장 흥미로운 이름을 가진 검 하나는 시즌 6의 회상장면에만 등장하는 아서 데인 경이라는 검술사가 그 주인이다. 아서 데인은 '아침의 검the Sword of the Morning'이라고도 불렸다. 이 호칭은 아서 데인의 가문에서, 그 가치를 인정받은 자에게만 붙이는 호칭이다(그러니 '아침의 검'이라는 이름 앞에서 유치하다고 킥킥대거나 하지 말자. 우리는 모두 과학적 마인드를 지닌 성인들이니까).

아서 데인은 명망 높은 위대한 기사이자, 아에리스 2세 통치기간 동안 킹스가드의 일원이었다. 자신의 누이 리아나 스타크Lyanna Stark를 찾아 '기쁨의 탑'을 찾은 귀족 에다드 스타크와의 싸움에서 아서 데인은 죽임을 당한다. 아서 데인은 또한 칠왕국에서 가장 뛰어난 검술사라는 평판도 얻었다. 그러나 그의 검은 마법의 힘이 섞인 발리리안 강철로 만든 건 아니었다. 그의 가문에서 내려오는 명검은 그보다도 더 희귀한 재료로 만든 것이었다. 바로 '떨어진 별'이었다. 좀 덜 낭만적으로 말하자면, 운석meteorite인 것이다. 검의 이름은 '여명Dawn'으로, 그 원산지는 데인 가의 영지가 있는 도르네 지역의 스타폴Starfall이라는 곳이었다. 이 지명이 여명의 기원에 대한 힌트를 주는 셈이다. 어떻게 데인 가는 이 검을 소유하게 되었을까? 먼저 소설에 등장하는 여명의 묘사를 살펴보자. 꽤나 마법적인 묘사이다. "칼집에서 검을 꺼내면, 창백하고 아름다운 달빛처럼 빛나고, 그 빛에 검이 살아난다."

물론 한 가지 짚고 넘어갈 점이 있다. 운석으로 만든 검이라는 게, 실제로 존재는 할까? 우리가 사는 세상에도 그런 게 있을까? 판타지 소설의 열광팬이라면, 그 대답이 놀랍게도 '그렇다'임을 알지도 모른다. 마치 운석검이 현실을 찌르고 들어오는 느낌이 아닌가. 판타지 소설 팬들로부터 많은 사랑과 그리움을 동시에 받는 작고한 소설가 테리 프래쳇Terry Pratchett은 기사 작위를 받았을 때, 자신의 검 제조에 많은 신경을 썼다고 한다(모든 기사들에게는 검이 필요한 법이니까). 그는 자신의 검은 꼭 '썬더볼트 철thunderbolt iron' 성분을 포함해야 한다고 마음먹었다. '썬더볼트 철'은 '금속성 운석'의 또 다른 명칭이기도 하다. 프래쳇은 자신이 직접 제련한 검에 대해 이렇게 말했다. "평생 동안 판타지 속의, 실재하지 않는 것만 글로 써온 제가 실제로 그런 검이 만들어진 것을 보니 정말 뿌듯한 성취감이 들더군요." 이 멀리서 날아온 금속성 운석은 도대체 어디에서 온 걸까? 일부는 비교적 가까이 우리 태양계 안에 떠다니는 바위덩어리에서 온 것이다. 그런가 하면 알 수 없는 우주 저 멀리, 이미 옛날에 소멸된 행성의 용융 코어molten core가 그 근원인 것들도 있다. 어쨌든, 모두 우리가 사는 세상에 그 모습을 드러내게 된 거다.

역사를 되짚어 보면, 이미 고대 시대 초기부터 운석으로 무엇인가를 제조하려는 움직임이 있었음을 알 수 있다. 예를 들어, 제2차 세계대전 직전의 독일의 나치당이 티베트에서 훔친 불상처럼 보이는 무거운 상은 아탁사이트 운석ataxite meteorite으로 만들어졌다. 아탁사이트란 대량의 철과 더 적은 양의 니켈이 섞인 우주의 바위덩어리이다. 이 불상은 요즘에는 '우주 아이언 맨'이라고 불리는데, 아마도 약 천 년 전

쯤에 제작되었을 거라 본다. 하지만 한 화학 분석에 따르면, 불상에 쓰인 운석은 약 1~2만 년 전 몽고 대륙에 떨어진 칭가 운석Chinga meteorite일 확률이 높다고 한다.

한편, 고대 이집트인들은 운석을 '하늘 금속sky metal'이라 칭하며, 하늘로부터의 값진 선물로 여겼다. 물론 그들은 아직 철을 제련할 기술이 없었다. 철의 녹는점은 매우 높은 섭씨 1,539도이기에, 철광석 상태를 벗어나려면 아주 뜨거운 용광로가 필요했기 때문이다. 그럼에도 매우 숙련된 금속 공예사들은 그들이 발견한 철을 이용해 아름다운 공예품들을 만들어 내곤 했다. 일례로 투탕카멘왕의 무덤 안에서 발견된 운석으로 만든 단검이 있다. 무덤에서는 또 철로 만든 구슬들도 발견됐다. 비록 시간이 지나 녹슬고 볼품없어졌지만, 새로 만들었을 때는 영롱한 무지갯빛 광채를 띠었을 터였다. 투탕카멘왕의 목걸이도 운석으로 만들어져 있었다. 이 운석은 지구로 떨어지기 전인 수만 년 전에, 철을 비롯한 기타 여러 광물들이 행성 중심부에서 융합된 것으로 보인다.

그런가 하면 1600년대 무굴 제국의 자항기르Jahangir 황제는 금으로 세공된 숨 막히게 아름다운 운석 검을 소유하고 있었다. 그의 총애를 얻고자 한 어떤 세리稅吏로부터 받은 선물이었다. 이 세리는 하늘에서 돌이 떨어진 후, 이를 녹여 금속을 식히기까지(아마도 소득신고서를 작성하면서) 자신이 얼마나 참을성 있게 기다렸는지를 장황히 늘어놓았다고 한다.

훈족의 왕인 아틸라Attila 또한 하늘에서 떨어졌다는 전설적인 '화성의 검Sword of Mars'을 갖고 있었다. 이 검은 신들로부터의 선물이라 여겨졌다고 한다. 또 러시아의 차르였던 알렉산드르 1세도 한 영국인으로부터 희망봉에 떨어졌다는 운석으로 만든 검을 선물받았다.

이렇듯, 금속성 운석은 문화 및 공간의 차이를 넘나들며 그 높은 가치를 인정받아 왔다. 아마도 금속성 운석에 얽힌 가장 안타까운 일화는 북극의 '세 개의 위대한 운석'에 대한 것일 것이다. 이누이트족은 이를 각각 '개The Dog', '텐트The Tent', '여자The Woman'라 부르며 몹시 애지중지했다. 운석을 이용해 고래 등을 잡는 작살을 만들었기 때문이었다. 유럽인들과 직접 무역을 하기 전까지, 운석은 이누이트족이 철을 얻는 유일한 수단이었다. 1897년, 미국의 북극 탐험가 로버트 에드윈 피어리Robert Edwin Peary는 북극에서 얻은 큰 운석들을 배의 갑판에 싣고 돌아왔다. 배에는 몇몇 이누이트 남자들과 소년들도 함께 있었다. 이들은 뉴욕의 한 박물관에서 살다가 금방 사망하고 말았다고 한다. 하지만 그때의 운석은 오늘날까지 남아 있다.

그런데 만약 지금 당장 창문 밖을 내다보니, 불붙은 운석 덩어리가 하늘을 차고 오르는 게 보였다고 하자. 그러더니 이내 두툼한 크기의 운석이 바로 집 앞에 툭 떨어졌다. 그럼 대체 이걸로 어떻게 검을 만들 수 있을까? 게다가, 검을 만든다는 게 가당한 생각일까?

우선 알아 둘 점이 있다. 운석은 우주 속의 킨더 에그Kinder eggs(달걀 모양의 초콜릿으로 안에 장난감이 들어 있다) 초콜릿과 비슷해서, 깨서 열어 보기 전까진 안에 무엇이 들었는지 모른다는 사실이다. 막상 열어 보면, 기대하던 성분이 아닐 수도 있는 거다.

어쨌든 운석은 단단하고, 눈에 보이며, 우주 공간에서의 비행을 견뎌냈으니, 적어도 철은 들어 있을 거라 예상하기 쉽다. 그러나 그 대답은 '그렇기도 하고, 아니기도 하다'이다. 운석전문가이자 수집가인 마틴 고프Martin Goff는 세상에 알려진 운석 종류 6만 2,140개 중 1,132개만이 철 운석iron meteorites이라고 말한다. 비율로 따지면 1.82퍼센트에 불과 한 것이다. 그럼에도, 철 운석은 지나치리만큼 운석 전체를 대표하는 경향이 있다. 그 이유 중 하나는 철 운석은 운석으로 알아보기가 쉽기 때문이다(만약 운석이 어떤 모양인지를 묻는다면, 철 운석에 대한 묘사를 들을 확률이 높다). 특히, 철 운석은 어떠한 날씨에도 잘 견디는 성질이 있기에, 발견 전까지 잘 보존되어 있을 가능성이 높다. 게다가, 다른 운석에 비해 크고 무거운 점도 한몫한다. 사실, 여태껏 발견된 철 운석들의 무게를 더하면 전체 운석들 무게 총합의 약 90퍼센트에 이를 정도라고 한다.

영국 서레이 대학교의 재료화학자이자 우주 애호가인 수지 쿤두Suze Kundu 박사는 운석으로 검을 만든다는 데 약간의 회의감이 든다고 말한다. 현재 클린에너지와 지속 가능한 태양 연료에 쓰이는 나노재료에 대한 연구를 진행 중인 그녀는 검에 대해 상당한 관심을 보였다. “저라면 발리리안 강철, 혹은 다마스커스 강철로 검을 만들겠어요. 아마 훨씬 더 가벼울 테니, 더 큰 검을 휘두를 수 있을 테니까요.” 쿤두 박사가 눈을 반짝이며 말했다. 쿤두 박사는 자신을 말 그대로 나노화학자로 여긴다. 키가 정확히 148센티미터인 그녀는 자신과 비슷한 키의 검을 갖고 싶단다. 그래야 휘둘렀을 때 150센티미터를 훌쩍 넘길 수 있을 테니까.

앞서 소개한 라이언 콘셀도 쿤두 박사의 의견에 동의했다. “대개 철 운석으로는 그렇게 좋은 검을 만들 수 없을 겁니다. 니켈 함유량이 너무 많은데다 다른 성분들도 알 수 없는 양으로 들어가 있거든요.” 그러면서 또 이렇게 덧붙였다. “물론 그렇다고 철 운석이 아주 완벽한 구성으로 존재하지 말라는 법은 없어요. 그저 그런 운석이 흔치 않다는 것뿐이지요.” 그러니, 데인 가에서 여명에 쓰인 운석을 얻은 건 행운이었던 셈이다. 게다가, 어쨌든 〈왕좌의 게임〉의 세상에서는 운석이 온갖 흥미롭고 진기한 광물들로 이뤄질 수 있을 테니 말이다. 우리의 세상에는 존재하지 않는 그런 물질들로.

그리니치 왕립 천문대 소속 천문학자인 마렉 쿠클라Marek Kukla 박사는 철 운석 결정의 특이한 자석 성질에 관심을 갖고 있다. 이 성질은 녹색 기술에 필요한 한층 더 강한 자석을 만드는 데 쓰일 수도 있다고 한다. 예를 들면, 전기 자동차나 풍력 발전용 터빈에 사용되는 자석에 말이다. 쿠쿨라는 이러한 자석 성질은 철 운석이 다른 행성의 중심부에 금속 성분으로 존재하던 시절부터 생성된 것으로 보인다고 말한다. 마치 액체 상태인 지구의 외핵outer core의 움직임이 현재 지구 자기장의 원천이었을 거라 보는 것처럼 말이다. 쿠쿨라 박사는 나에게 대장장이이자 예술가인 매튜 럭 갈핀Matthew Luck Galpin을 소개해 주었다. 갈핀은 그리니치 천문대에 설치된 예술품인 '모루의 별Anvilled Stars'을 제작할 때 철 운석을 녹여 사용했다고 한다. 그에 따르면, 자신이 운석에 열처리를 가하고, 제련, 단련을 해 걸쭉하게 녹은 상태로 만드는 동안, '희한한 가스'가 새어 나왔다고 한다. 갈핀은 열심히 운석을 녹이고, 미량 원소들을 두들겨 냈다. "정말로 상상력이 자극 되더군요." 그러고는 이렇게 덧붙였다. "제가 마치 다른 세상에나 존재할 마법의 감각을 가진 것 같았어요."

운석으로 검날을 제작하는 방법으로 말할 것 같으면 사실 여느 검날과 크게 다르지 않다. 우선, 운석에 열처리를 가해 액체 상태의 금속을 얻은 후, 이를 탄화시켜 강철로 만드는 것이다. 0.5퍼센트의 탄소 함유량을 얻기 위해서는 금속을 손바닥에 쏙 들어올 정도의 크기의 조각 여러 개로 쪼개야 한다. 그러고 나서 여섯 시간 동안 밝은 불로 열처리를 한다. 이후에는 바로 소설의 대장장이 장면에 자주 등장하는 열처리와 망치질이 필요하다. 금속을 무기 제작에 쓸 수 있는 막대기 모양으로 만들어내는 것이다.

철 운석이 막대기로 만들어지고 나면, 대개 그런 막대기 두어 개와 함께 얇게 펴고 용접하는 과정을 거친다. 그렇게 해서 단조검을 만드는 것이다. 막대기들에 열처리와 망치질을 거쳐 불순물을 제거하고 모양을 잡는다. 그러고 나서 재빨리 식혀 더 단단하게 만드는 담금질을 한다. 운석 안에 층층이 쌓인 여러 금속들의 합금이 자연 상태의 철과 융합되면, 물결무늬가 새겨진 강철이 탄생하는 것이다. 만약 화려한 장식 무늬의 예쁜 검을 만들고자 한다면, 이 물결무늬에 산 부식(acid etching)을 하면 된다. 그러고 나서 금속 층의 윤곽을 따라 광택을 입히면, 자연스러운 아름다움이 부각된다. 이런 제작 과정에 대한 비디오를 보는 것도 좋다. 아마도 그 배경 음악은 데스 메탈(death metal)이 어울리지 않을까? (검 제작 비디오에 재즈 가수 니나 시몬(Nina Simone)이나 팝가수 테일러 스위프트(Taylor Swift)의 노래 같은 경쾌한 음악이 어울릴까? 어쨌든 데스 메탈은 〈왕좌의 게임〉과 연관이 있어 보인다. 시즌 6의 예고 동영상에는 출연진들이 나와 어떤 게 〈왕좌의 게임〉에 나오는 검 이름인지, 어떤 게 80년대의 메탈 밴드 이름인지를 맞히는 게임을 했다. 검의 이름은 오스 키퍼(Oath Keeper), 하트 이터(Heart Eater), 다크 시스터(Dark Sister)였고, 메탈 밴드의 이름은 크림슨 데스(Crimson Death)와 세비지 그레이스(Savage Grace)였다.)

우리 인간들은 한동안은 철과 철강을 쓸 수 있을 거다. 하지만 일부 조사들에 따르면 우리가 의존하는 몇몇 금속 및 물질들은 50~60년이면 고갈될 수 있다고 한다. 한편, 지구의 친근한 이웃의 우주 암석들—예를 들면 지나가는 소행성이라든가, 지구 접근 천체—에는 우리가 필요로 하는 물질들이 많이 포함돼 있다. 안티몬, 아연, 주석, 납, 인듐, 금, 은, 구리, 백금, 코발트 등등. 미래를 예상하건대, 아마도 우리는 우주에 남아 있는 암석에서 금속 및 광석을 캐고 있을는지도 모른다. 어쩌면 빠른 시일 내에 우리도 우주 금속으로 만든 특별한 개인용 검을 소장하는 날이 오지 않을까? 지금부터 멋진 검의 이름을 미리 생각해 놔야 할는지도 모를 일이다.

귓가에 속삭이는 금빛 목소리

〈왕좌의 게임〉 시즌 1에서 에다드 스타크가 참수형을 당하는 순간부터, 우리는 알았다. 아무리 인기 있는 등장인물일지라도, 또 그 복잡한 속사정이 뭐든 간에, 어떤 인물도 죽임을 당할 수 있다는 것을. 잔인하고, 거창하며, 불필요한 최후를 맞을 수 있음을 말이다.

〈왕좌의 게임〉에는 정말 무수한 죽음이 나오지만, 그중 몇몇 인물들의 죽음은 정말로 끔찍해서 아마 잊기 힘들지도 모른다. 예를 들어, 대너리스의 인정머리 없는 오빠인 비세리스 타르가르옌Viserys Targaryen의 죽음을 떠올려 보자. 비세리스는 대니의 우아한 생김새와 특이한 머리색을 꼭 빼닮았지만, 그녀의 귀족적이고 상냥한 자태는 전혀 없었다. 그러니, 비세리스가 자신의 매제 칼 드로고에게 비참한 죽음을 당했을 때, 시청자들은 그다지 비통한 느낌은 없었을 거다.

도트락인들과 함께 여행하는 동안, 자신의 한계를 너무 많이 시험해 본 게 비세리스의 화근이었다. 왕의 황금관을 쓰겠답시고 참을성 없이 굴자, 칼 드로고는 아이러니한 방법으로 그를 죽여 버렸다. 대니를 '내 인생의 달'이라 부르는 칼 드로고가 비세리스의 앵앵대는 은푸른색 금발 머리 위에 녹은 금을 강물처럼 쏟아 부은 것이다. '드래곤의 혈통'이라 한들 피할 방도가 없는 운명이 아닌가. 비세리스는 이렇게 찝찝하게 즉사하고 만다. 윌리엄 왕자와 케이트 미들턴Kate Middleton의 결혼식 때 베아트리체 공주가 썼던 모자 이후 최악의 왕실 모자가 된 셈이다.

헌데, 금의 녹는점은 섭씨 1,064도라고 확실히 '알려져 있다(도트락인들의 표현처럼).' 일반적인 모닥불(도트락인이 수프를 데워 먹거나, 야영용 용기를 데우는 데 썼을)의 온도는 그 정도로 높지 않다. 혹시 검소한 도트락인이 금에 납을 집어넣은 건 아닐까? 그랬다면 그 합금은 훨씬 더 낮은 온도에서도 녹았을 테니 말이다.

우리의 세상에서는 많은 이들이 금 때문에 다투다 목숨을 잃었다. 그렇다면 '금으로' 죽임을 당한 이도 있을까? 놀랍게도 도금을 이용해 귀족이나 탐욕스런 자를 죽인 사례는 실제로 있다. 물론 큰 상점마다 '금을 현금으로 바꾸세요'라는 선전물이 붙어 있던 시대에도, 그런 살인 방법은 인기가 많지는 않았을 테지만. 1599년에는 에콰도르와 페루의 원주민인 히바로 인디언Jivaro Indians들이 자신들의 금에 세금을 매기려는 탐욕스러운 스페인 총독의 목에 녹는 금을 쏟아 부은 사례가 있다(덕분인지 히바로 인디언들은 정복당하지 않았다).

엽기적이고 기괴한 죽음을 발명해 내기로 악명 높았던 스페인의 종교 재판에서도 피해자들의 목구멍에 뜨거운 금속을 쏟아 부은 적이 있다(400년 뒤에야 조지 마틴이라는 라이벌이 이 방법을 소설에 썼다). 고대 시대에는 로마 통치자들 중에서 유일하게 포로로 잡힌 불운한 황제 발레리안 1세의 예가 있다(전쟁사 팬들을 위해 말하자면, 에뎃사 전투에서였다). 더 큰 불운은 그 상대가 사악하기로 이름난 페르시아의 샤푸르Shapur 1세였다는 것이다. 그 후에 정확히 어떤 일이 벌어졌는지는 역사가들 사이에서 논쟁거리이다. 한 이론은 샤푸르 1세가 수년간 발레리안 1세에게 허리를 굽히게 한 후 말에 오를 때 쓰는 디딤대로 이용했다는 것이다. 그러고 나서 목에 녹는 금을 부었다고 한다. 어떤 역사가들은 이 일화가 순전히 페르시아인들이 자신들을 악당으로 보이게 하려는 정치 선전에 불과하다고 하기도 한다. 사실, 샤푸르 1세가 발레리안 1세를 산 채로 가죽을 벗긴 후(〈왕좌의 게임〉에 나오는 볼튼 가처럼), 시체 안을 밀짚으로 채웠다는 말이 있을 정도다. 그리고 시체를 주변 사원 벽에 세워 모든 사람이 보게 놔뒀다는 거다. 정말로 비인간적이지 않은가. 그렇다고 발레리안 1세에 너무 동정을 보낼 필요는 없다. 로마인들도 적군에 그 비슷한 짓을 서슴지 않았으니까.

2003년에는 네덜란드의 한 병리학 연구실 안에서의 '흔한 대화'가 시발점이 되어, 이런 녹는 금을 이용한 죽음에 대한 연구가 시작되었다. 이윽고 《임상 병리학 저널The Journal of Clinical Pathology》에 '역사적 관점'이라는 꼬리표를 달고 '녹는 금이 피해자의 장이 파열될 때까지 목에 들이 부어졌었다'라는 병리학 기준으로도 생생한 제목의 논문이 실렸다. 암스테르담 소재의 자유대학교 의료 센터에서는 액체 금속과 소의 후두를 대상으로 연구를 했다. 물론, 실험 시점에 이미 소는 죽어 있었다는 점을 지적하는 수고도 아끼지 않았다. 소의 후두는 인근 도살장에서 얻은 것이었다. 병리학자들은 충격과 공포, 그리고 피할 수 없는 질식의 과정이 갖는 효과에 대해 연구했다. 그러고는 이렇게 결론 내렸다. "피해자의 목구멍에 뜨거운 액체 금속을 붓는 처형 방법에 대해 이런 연구 결과를 얻었습니다. 죽음은 증기의 발생과 이로 인한 기도에의 화상이 원인이었습니다."

정확한 사인을 밝혀 준 과학자들에게 감사를 표하는 바이다.

아스타포인 노예상을 어떻게 죽일 것인가
드래곤 파이어로 끝장내기

군대를 키워서 철왕좌의 계승권을 되찾으려는 여정 중 대너리스는 아스타포Astaphor라는 도시에서 희한한 거래를 한다. 자신의 세 마리 드래곤 중 한 마리를 주는 대신, 거세병去勢兵 군대를 받기로 한 것이다. 대니의 드래곤이 당연히 자신의 새 자산이 될 거라 믿은 노예상과 거래는 이뤄진다. 하지만 그는 막상 드래곤들이 강제 노역을 어떻게 받아들일지는 별 고민을 해 보지 않은 모양이다. 정답은 '매우 탐탁지 않게'였다. 결국, 노예상은 일말의 자비 없는 드래곤이 내뿜은 불길에 휩싸이고 만다.

어떻게 그런 처참한 결말이 가능할까? 드래곤이 산 사람을 태워 죽이려면 얼마나 거센 불길이 필요한 걸까?

드래곤이 단순히 불길을 내뿜을 뿐만 아니라, 그 불길이 사람을 죽일 수 있을 정도라니. 계산이 필요한 대목이다. 이 계산을 해 본 이가 있다. 바로 에든버러 공과 대학에서 화재감식학 강의를 맡고 있는 로리 해든Rory Hadden 박사이다. 자, 그럼 우리의 피해자인 전직 노예상이 약 70킬로그램의 날씬한 평균 몸매를 가진 성인 남자라고 해 보자. 그와 같은 성인 남성의 몸은 약 70퍼센트 정도가 물로 이뤄져 있다. 그러니 그가 흔적도 없이 사라지려면, 드래곤이 약 49킬로그램 정도의 수분을 제거해야 한다는 뜻이다.

해든 박사에 따르면, 아스타포 노예상의 체온이 섭씨 60도에 이른 상태에서 시작해 49킬로그램의 수분이 증발하려면 다음과 같은 계산이 필요하다고 한다.

$$49kg \times 2257kJ/per\ kg = 133163kJ = 133mJ$$

이 계산을 현실화하는 데 대니의 드래곤은 고작 약 5초가 걸렸다. 꽤 놀라운 업적이 아닌가.

즉, 133mJ의 드래곤 파이어가 필요한데, 이는 26메가와트의 동력과 동급이라고 볼 수 있다(로스앤젤레스 클래스 Los Angeles class 핵추진잠수함 내 원자로의 최대 동력 출력치와 맞먹는 정도이다).

해든 박사는 한 가지 주의점이 있다고 지적한다. 바로 드래곤 브레스의 에너지가 백퍼센트 피해자에게 옮겨 간다는 게 전제돼야 한다는 것이다. 그러나 현실은 그렇지 않다. 몸에 흡수된 열에너지의 일부분이 몸에서 뿜어져 나와 분출된 양보다 훨씬 적기 때문이다. 화염(가스 형태)에서 사람의 몸(고체 형태)으로의 열전달은 그다지 효율적이지 못하다. 그러니 만일의 경우에 대비해 드래곤은 항상 4~5배의 열에너지를 생산할 능력을 길러 둬야 하지 않을까.

그리고 한 가지 확실히 해 둘 것은 드래곤은 절대 노예가 될 수 없다는 점이다.

제 3 장

웨스터로스의 무기: 전쟁터 가이드

독약과 해독제 삼키기, 타인의 독약, 빨리 해독제를 가져 오시오!

『왕좌의 게임』 속 독살은 무척이나 유명하다. 어떤 등장인물에게는 비참함을, 또 어떤 인물에는 기쁨을 가져다주는 게 바로 독살이다. 조지 마틴은 『왕좌의 게임』 속 세상에서 일어나는 독살의 준비 과정 및 효과를 정말이지 세세하게 묘사해 놓았다. 모든 애청자들이 최고의 죽음 장면으로 꼽을 법한 조프리의 죽음도 다 독살의 덕 아니겠는가. 조프리가 마침내 마땅한 심판을 받은 것이다. 어쨌든, 조프리를 죽이는 데 쓰인 독의 이름은 '교살자'였다. 그 자신이 독약 전문가인 마르텔 가의 오버린 마르텔Oberyn Martell은 이 치명적 독약은 옥해Jade Sea를 건너 자라나는 진귀한 식물로부터 얻는다고 언급한다. 이를 먹은 이의 얼굴은 보랏빛으로 변한다는 말과 함께. 물론 우리 모두 그 장면을 즐겼고 말이다.

하지만 〈왕좌의 게임〉의 세상에서는 이런 치명적 독약도 역시 마법의 힘으로 이겨낼 수 있다. 사실 '교살자'가 처음 등장한 건 조프리의 죽음 이전이다. 스타니스 바라테온의 마에스터인 노년의 크레센Cressen은 붉은 마녀 멜리산드레의 와인 잔에 교살자 독을 슬쩍 넣고, 빛의 군주Lord of Light의 이름 앞에 건배를 청한다. 스타니스를 멜리산드레의 영향으로부터 구해내기 위해 목숨이라도 바칠 각오였던 것이다. 크레센은 독이든 와인을 먼저 크게 한 모금 마신다. 곧, 멜리산드레도 우아하면서도 단호하게 와인을 따라 마신다. 결국, 와인 안의 독은 마에스터의 온몸 안을 빠르게 퍼져 나갔고, 마에스터는 코와 입에서 피를 흘리며 쓰러진다. 독약 제조법에 대해 그렇게 많이 배웠으면서도, 자신이 만든 독을 이길 재간이 없었던 것이다. 그러나 독이 온몸을 격렬히 사로잡기 전, 그가 마지막으로 보는 것은 멜리산드레의 평온하고 태평한 표정이다. 그녀 목의 신기한 붉은 핏빛 목걸이는 몸 안의 독소가 제거되는 동안 빛과 함께 꿈틀거린다(멜리산드레가 목걸이를 벗으면 노파로 변하는 것으로 보아, 목걸이의 기능은 이보다 더 심층적으로 보인다).

진귀한 보석이 치명적인 독으로부터 목숨을 보호한다는 믿음은 중세시대에 매우 널리 퍼져 있었다. 오늘날에야 독살이 다행히 적게 일어나는 편이지만, 중세시대에는 공공연한 공포의 대상이었다. 역사적으로 왕과 왕비들이 독살 위협을 얼마나 심각하게 받아들였는지 우리 모두가 알지 않는가. 지금이야 문화와 상업이 꽃피던 시절의 잉글랜드 지도자로서 칭송을 받는 엘리자베스 1세지만, 당시 그녀는 그다지 인기인이 아니었다. 아마 연예 뉴스 사이트인 버즈 피드Buzzfeed에서처럼 '모두가 독살하고 싶어 하는 10명의 왕' 순위를 튜더 왕조를 대상으로 매겼다면, 그녀는 매번 순위에 올랐을 거다. 어떻게 그녀를 죽일지에 대한 여러 복잡한 음모들과 함께. 오버린 마르텔을 연상시키는 한 일화도 있다. 한 번은 엘리자베스 여왕의 궁정에서 여러 명이 모여 그녀의 말안장에 치명적인 독극물을 발라 놓기로 했다. 그러나 독살범 중 한 명이 여왕이 매일하는 구보 전에 모든 계획을 자백해 버리고 말았다. 결국 모든 음모자들은 종탑에 갇히는 신세로 전락했다. 물론 여왕과 말은 털끝만큼도 다친 데가 없었고 말이다.

독살 계획의 독창성만큼이나 신기한 것은 독극물의 치사량을 어떻게 발견하고 이에 대응할지에 대한 사람들의 믿음이었다. 에드워드 6세는 루비와 사파이어가 박힌 이쑤시개를 가지고 있었는데, 만약 이 이쑤시개에 독약이 닿으면 액체가 흘러나올 것이라 믿었다고 한다. 튜더 왕조 얘기를 계속해 보자. 당시, 많은 사람들은 다이아몬드의 해독 능력이 매우 강하다고 믿었다. 그래서 다이아몬드를 입에 집어넣을 필요조차 없이, 그저 왼쪽 겨드랑이에 끼워 넣으면 독극물에 대한 위험 신호를 알려 줄 거라 생각했다. 비슷하게, 사파이어도 '독극물에 완전히 반하는 성질'을 갖는다고 보았다. 그래서 만약 유리컵에 독거미와 사파이어를 같이 넣으면, 거미는 죽을 거라 예상했다.

한편, 베조아르Bezoars(위석)는 페르시아어로 '해독제'라는 의미이다. 베조아르는 동물과 인간의 위에 생기는 결석을 뜻한다(베조아르가 생겼다면, 처방전은 그냥 코카콜라를 마셔서 용해시키는 거다). 베조아르는 한때 매우 귀한 해독제로 여겨졌다. 엘리자베스도 결석 덩어리가 달린 팔찌를 끼곤 했다. 당시에 '덩어리의 대부분이 이미 쓰인 상태였다'라고 팔찌에 대해 묘사한 기록이 있는 걸로 보아, 베조아르가 정기적으로 쓰였음을 알 수 있다. 만약 중세시대에 베조아르를 손에 넣지 못했다면, 대안으로는 '유니콘 뿔'이 있다. 이 소중한 물질은 사실은 북극 바닷가에서 선원들이 가져온 외뿔고래의 뿔로, 독극물을 감지해내는 최적의 물건이었다고 한다. 웨스터로스에도 이와 비슷한 물건이 있다. '영원한 겨울의 땅'에서 가져온 외뿔고래 비슷한 동물의 뿔이 유니콘 뿔로 여겨지는 것이다. 실제로 유니콘이 살고 있다는 스카고스Skagosi에는 아무도 선뜻 가려는 자가 없기 때문이었다. 우리가 사는 세상에서도 유니콘들이 뿔을 연못에 담그고 온갖 흙탕물과 난장판을 만들었다가, 마법과 같이 수면 위로 차고 오르면, 연못의 물이 완전무결하게 깨끗해진다는 설이 있다. 그래서인지 엘리자베스 1세는 적어도 두 점의 외뿔고래의 뿔을 가지고 있었고, 스코틀랜드의 메리 여왕도 한 점은 지니고 있었다고 한다.

물론 이 모두가 매우 환상적으로 들린다. 그렇다면 근거가 있는 말들일까? 글쎄, 유니콘에 있어서는 사실 그렇지 않지만, 베조아르의 경우는 그런대로 신빙성이 있다. 현대 외과 수술의 아버지 중 한 사람인 앙브루아즈 파레Ambroise Pare는 이에 대해 호기심을 갖고 실험을 해 보기로 했다. 파레는 여러 프랑스 왕들에게 이발사이자 외과 의사로 일했는데, 덕분에 적어도 두어 곳의 궁정을 마음껏 들락거릴 수 있었다. 1567년, 한 궁중 요리사가 은식기를 훔친 죄로 교수형을 당할 위기에 처했다. 하지만 파레가 설득한 끝에, 요리사는 독살형에 처해졌다. 과학 실험을 위해서 독을 먹인 뒤, 베조아르를 처방해 보기로 한 거다. 실험은 완벽하게 실패했다. 요리사는 고통스러운 죽음을 맞았다. 하지만 오늘날의 관점에서 이를 재조사해 본 결과, 파레와 요리사 모두 그저 운이 나빴을 수 있음이 드러났다. 비소 용액에 베조아르를 담그면, 아비산염arsenite와 비산염arsenate(왠지 기분 나쁜 쌍둥이 이름 같지 않은가)의 독성 복합 물질이 베조아르에 반응해 독성을 제거할 수 있기 때문이다. 물론 용액에 비소가 들어 있지 않다면, 동물의 위에서 나온 털이 뒤섞인 반쯤 소화된 상태의 베조아르를 아무리 넣어봤자 아무런 소용이 없겠지만 말이다. 그러니까 해독 작용이 일어날 때도, 안 일어날 때도 있는 것이다.

검에 의한 죽음

아이스Ice는 스타크 가에서 대대로 내려오는 명검이다. 어둡고 연기 색깔이 나는 발리리안 강철 날은 에다드 스타크의 장자인 롭 스타크Rob Stark가 십대 때의 키보다 길었다고 한다. 아이스의 날은 마법의 주문을 섞어 만들어졌으며, 400년 동안이나 그 형태를 유지했다. 본디 그보다 더 오래된 동명의 검을 대체하는 검이었다고 한다. 그러나 아이스는 그저 벽난로 위를 장식해 먼지나 쌓이는 골동품은 아니었다. 발리리안 강철이 워낙 가볍기 때문에, 아마도 이 명검을 전쟁터에서 휘둘렀을 가능성이 많다. 물론 시청자들이 아이스를 처음 가까이 보게 되는 장면은 에다드가 밤의 경비대의 탈영병을 참수하는 정의를 집행할 때이다(평생 검은 옷을 입기로 맹세한 밤의 경비대 형제가 맹세에서 떨어져 나갔으니, 에다드가 그의 머리를 몸통에서 떨어뜨리는 게 마땅할지 모른다).

한편, 〈왕좌의 게임〉 속 세상에서 귀족들은 범죄를 저질렀다고 고발당했을 때, 전통적으로 결투 재판을 선택할 권리를 갖는다(자신이 직접 지명한 대리인을 내세울 수도 있다). 그러면 신들이 당사자의 무죄 혹은 유죄를 결정한다는 것이다. 대개 당사자나 대리인이 얼마나 검술 실력이 뛰어난가는 유죄무죄 여부에 큰 영향이 없었다. 그럼에도 불구하고 검술 연습은 귀족들의 삶에서 큰 비중을 차지한다. 언제 어떤 일이 생길지 모르니 말이다.

사실 검술 연습이라면 남들 못지않았던 스타크 가는 꽤 운이 나쁜 편이었다. 에다드는 그의 아버지 리카드와 형 브랜든이 미친 왕 아에리스 타르가르옌의 손에 사살당한 후에 명검 아이스를 물려받았다. 아에리스 왕은 리카드가 반란을 꾀했다고 몰아세웠다. 이에 갈등을 느낀 스타크 가의 원로 리카드는 결투 재판을 택한다. 그는 매우 훌륭한 검술가였기 때문이다. 그러나 이 재판 방법은 누구나가 그 원칙을 준수한다는 전제하에서 작동하는 법이다. 아에리스 왕은 스포츠맨십을 아예 저버렸다. '화염'이 자신의 결투 대리인이라고 선언해버린 것이다. 결국 아에리스는 갑옷 입은 상태의 리카드를 타오르는 화염 속에 매달아 버린다. 모두가 지켜보는 왕궁 안에서 말이다.

이내 리카드의 아들 브랜든도 칠왕좌가 놓인 방에 불려온다. 그는 목에 줄이 묶인 채 이 모든 걸 강제로 지켜보게 된다. 그의 바로 옆, 손만 닿으면 되는 곳에 아버지를 매단 줄을 칠 수 있는 검이 놓인 채로.

그야말로 아에리스는 광인이었다(그의 이름에서 이미 낌새를 눈치챘을 것이다). 소설 『왕좌의 게임』 5부 "드래곤과의 춤"을 보면, 명검사인 브랜든 스타크가 연인 바브리 라이스웰Barbrey Ryswell에게 자신이 검을 날카롭게 벼리는 이유는 여성의 음모를 자르기 위해서라는 대목이 나온다(물론 집에서 따라하지 않기를 바란다). 어쨌든 브랜든의 때이른 죽음으로 인해, 이 여성 제모용 상품은 실전 사용 기회를 잃은 셈이다.

후일 에다드 스타크도 결투 재판 신청을 거절당한다. 결국 그는 조상으로부터 물려받은 검 아이스로 대중이 보는 앞에 놀라운 참수형을 당하고 만다. 칼로 흥한 자는 칼로 망한다고 했다. 하지만 그 양상이 늘 기대했던 대로는 아닌 셈이다.

착한 사람들에게 끔찍한 사형이 내려질 때

〈왕좌의 게임〉에서 검으로 죽음을 맞는 장면을 보면, 모든 과정이 꽤나 순조롭게 보인다. 다행히 엉망진창으로 치닫는 죽음은 보는 일이 드물다. 우선, 이런 순조로운 죽음은 전설적으로 날카로운 발리리안 검날이 널리, 열렬히 사용되기 때문에 가능하다. 그리고 두 번째로는 그 죽음들이 허구이기 때문일 것이다.

역사적으로, 검날에 의한 참수형은 드라마에서 보는 것보다는 훨씬 더 공포스럽고 끔찍한 작업이다. 영국의 헨리 8세가 그의 둘째 부인 앤 볼린Anne Boleyn을 처형했을 때, 그는 오랜 친구이자 숙적인 프랑스에 도움을 청했다. 완벽한 검술 전문가를 찾아 달라고 한 것이다. 결국 한 참수 집행인이 영국으로 불려 왔다. '온정'을 베풀어 참수가 깨끗한 일격으로 끝날 수 있도록 배려한 거다. 검, 혹은 더 잔인하게 도끼로 참수를 하는 것은 정말이지 엉망진창인 결과를 낳을 수 있었다. 모든 사람들이 흡족할 정도로 머리를 신체로부터 떼어 내기까지는 몇 번의 시도를 거치는 게 일반적이었다.

1789년, 프랑스 지배 체제는 특히나 더 혼란스러운 처형 열풍에 휩싸여 있었다(프랑스 기준으로도 말이다). 의사이자 의료 개혁가인 조셉 이냐스 기요틴Joseph-Ignace Guillotin은 무언가 바뀌어야 한다고 느꼈다. 아마도 테온 그레이조이Theon Greyjoy가 윈터펠에서 로드릭 카셀 경Sir Rodirik Cassel을 직접 참수하면서 난장판을 만든 것과 비슷한 장면을 목격했는지도 모른다. 참고로 로드릭 카셀은 테온에게 검을 쓰는 방법을 직접 가르친 명검술사였다(자신의 학생이 수업을 제대로 듣지 않았다는 것을 깨달을 수 있는 참으로 난감한 순간이 아닌가).

여하튼, 기요틴 박사는 실은 사형제도에 반대하는 입장이었다. 하지만 모두를 위해 인도적인 사형집행용 의료 기계를 개발하기를 희망했다(당시 평민들은 주로 교살형에 영향력 있는 부유층은 참수형에 처해지곤 했다). 그것이 프랑스에서 정부 주도 사형집행의 폐지를 위한 첫걸음이라 여겼기 때문이다. 물론 기요틴의 희망대로 결과는 이뤄지지 않았지만 말이다. 더욱이, 그 자신이 기계의 최초 발명자가 아님에도 불구하고 기계에는 계속 그의 이름이 붙여졌다. 기요틴 일가가 이를 시정하기 위해 소송까지 걸었음에도. 결국, 기요틴은 가장 지속적으로 인기 있는 '살인 기계machines de mort'라는 꺼림칙한 영예를 떠안은 셈이다. 프랑스에서의 마지막 공개 처형은 1930년대에 있었다. 그 처형을 지켜본 이가 영국의 젊은 배우인 크리스토퍼 리Christopher Lee였다. 프랑스에서 기요틴으로 집행한 마지막 국가 차원의 사형은 1977년에 은밀히 행해졌다. 바로 〈스타워즈Star Wars〉의 첫 번째 영화가 개봉된 직후였다.

한편, 현대에도 참수당한 머리가 온갖 복잡한 감정을 표현하는 장면에 대한 보고들이 있다. 처형자가 머리를 높이 들어 올리면, 머리의 장본인은 경악과 분노를 금치 못한다는 거다. 이게 사실일까? 최근의 의학계 견해에 따르면, 이는 사실이다. 머리가 잘린 이후에도 약 13초간은 의식이 살아 있을 수 있다고 한다. 제아무리 깨끗한 일격의 참수라고 해도, 모든 뇌 활동이 순식간에 정지될 수는 없다는 것이다. 물론, 참수에 뒤이은 산소 및 글루코오스와 같은 기타 화학 물질의 고갈은 순간적으로 일어난다. 그러니 찰나의 순간이라 할지라도 머리가 방금 분리된 목을 비롯한 자신의 나머지 신체를 바라보는 일이 가능한 것이다.

칼싸움 부상에 의한 죽음

칼싸움에서 이긴다 해도 여전히 목숨을 잃을 가능성은 있다. 항생제 그리고 상처의 깨끗한 관리에 대한 이해가 없는 사회에서는 감염된 상처에 의해 죽는 일이 흔했다. 그러니 돈Dorne 지역의 붉은 독사라 불리는 오버린 마르텔과는 맞서 싸우지 않는 게 현명한 일일 거다. 그는 십대 때 어느 결투가 끝나고 '초반 출혈first blood'라는 별명을 얻게 되었다. 상대방에게 그다지 크지 않은 상처를 입힌 후, 그는 승리자로 선언을 받는다. 그러나 상처를 입은 상대방이 몰랐던 게 있었다. 바로 오버린이 만일의 사태에 대비해 검에 독을 발라놓았다는 사실이었다. 결국 상대는 상처가 곪은 나머지 죽고 만다. 말 그대로 '살에 입은 작은 상처 따위'라 해도, 그로 인해 죽음에 이를 수도 있는 것이다. 칼 드로고의 경우도 비슷하다. 식은 죽 먹기로 이겼다고 생각한 싸움에서 작은 상처를 입었다는 이유로 큰 병을 얻지 않았는가. 또, 일명 '사냥개'라 불리는 산도르 클레게인Sandor Clegane의 예도 있다. 곪을 걱정을 하지 않았던 작은 상처 하나 때문에 언덕에 홀로 남겨진 채 죽을 뻔 했으니 말이다.

중세시대 말기까지는 수많은 종류의 질병들이 모두 불쾌하고 악취가 나는 '오염된' 공기, 소위 '미아스마miasma'가 특히 밤 시간에 순환되면서 일어난다고 믿었다. 하지만 1546년, 세균이 상처에 침투해 감염을 일으키고, 심하면 죽음에까지 이르게 한다는 이론이 등장했다.

이를 주장한 이는 이탈리아 베로나의 시인이자 의사인 지롤라모 프라카스토로Girolamo Fracastoro였다. 그는 '배아spores'라 하는 미세한 유기체가 오염을 일으킨다고 주장했다(오늘날에는 티치아노Titian가 그린 그의 다소 거창한 초상화가 런던 내셔널 갤러리에 걸려 있다. 이 초상화는 티치아노가 자신의 매독을 치료해 준 대가로 그려 준 것이라고 한다).

우리의 세상에서는 19세기 말이 되자 '세균 이론'이 급격한 인정을 받기 시작했다. 그 정도가 어떠했는지는 어느 두 귀족 사이에서 벌어진 결투가 치닫는 양상을 통해 살펴볼 수 있다. 1892년, 리히텐슈타인Liechtenstein의 페르두츠Verduz 지역에서 폴린 메테르니히 공주와 키엘만세크 백작 부인이 꽃꽂이를 놓고 다툼을 벌였다. 물론 그 둘이 원래 딱히 단짝 친구마냥 사이가 좋은 건 아니었다. 하지만 이 실랑이로 인해 놀랍게도 둘은 심지어 결투를 벌이기로 한다(이전에도 여자들 사이의 결투 전례가 없었던 건 아니다). 매우 정중하고, 규칙이 확실한, 몇 초 안에 결정이 나는 결투였다. 게다가 현장에 대기하던 의사 역시 당시로는 이례적으로 루빈스카 남작 부인이라는 여성이었다.

루빈스카는 최신 의학 지식에 민감했다. 세균 이론에서 말하는 원칙을 일찍 받아들인 상대적인 얼리 어답터였던 것이다. 만약 결투에서 상대방의 검이 자신의 옷 속으로 파고들었다고 해 보자. 그러면 검날의 끝에 약간의 옷 조각이 묻은 채 상처 안에 깊숙이 들어오게 된다. 그 결과 패혈증이 생길 수 있다. 이런 이유로 루빈스키는 제안을 하나 했고, 이는 받아들여졌다. 감염의 위험을 최소화 하기 위해 메테르니히 공주와 키엘만세크 백작 부인은 '웃옷을 벗은 채' 결투를 하기로 한 거다. 결투를 하려고 가슴을 드러내다니. 정말 '왕좌의 게임'스럽지 않은가.

너무나 섹시한 갑옷: 흉갑의 과학

〈왕좌의 게임〉에는 정말 누드 장면이 많이 나온다. 그러나 〈왕좌의 게임〉이 다른 판타지 영화와 많이 다른 점은 여성들이 싸울 때 정말로 몸을 보호하기 위한 갑옷을 입는다는 점이다. 다른 영화에서는 그저 속살과 가슴을 많이 내비치기 위해서 갑옷을 입는 느낌이다. 심한 경우 이런 '여성용 갑옷'은 그저 금속으로 된 비키니 차림이기까지 하다. 이래가지고서야 검을 휘두르는 적은 고사하고, 한낮의 태양으로부터도 보호하기 힘들 거다. 흉갑이라기보다 브래지어에 가까운지도 모른다. 물론 몸이 많이 드러나는 갑옷을 입어서 기분이 좋다면야, 나쁠 게 뭐 있겠는가. 사실 착용자의 몸매를 유난히 돋보이게 만드는 갑옷의 역사는 길다. 각 시대별로 다양한 사례들이 있으니 말이다. 물론 이는 모두 남자들을 위한 갑옷이었지만. 고대 그리스에서는 식스팩 모양을 강조하는 청동 갑옷을 입었다. 상반신을 매우 강조하고, 덩치가 있어 보이게 만든 갑옷이었다. 신사적인 영국에서도 비슷하다. 튜더 시대의 갑옷 디자인을 한번 보라. 노령의 헨리 8세도 생식기를 가리는 거대한 코드피스Codpiece가 달린 갑옷을 입었다.

이 헨리 8세의 갑옷은 전투용이 아니라, 마치 금속을 두른 공작새처럼 뽐을 내기 위한 용도였음이 틀림없다. 사실, 갑옷에서 우선적으로 고려할 점은 이를 입고 어떤 행동을 할 것이며, 적군이 어떤 무기로 갑옷을 칠 것인가이다. 앞서 발리리안 강철 부분에서 소개한 라이언 콘셀은 갑옷 애호가이기도 하다. 그에 따르면, 우리가 갑옷을 입은 여성의 그림을 거의 볼 수 없는 건, 여성의 전투 참여가 제한되었기 때문이라고 한다.

라이언은 섹시함만 강조한 갑옷을 입었을 때의 문제점을 다음과 같이 공식화 해 보았다.

$$\text{방어} \propto \left(\frac{\text{노출된 피부} \times \text{컵 사이즈}}{\text{편안함}}\right)^{\text{넘어질 확률}}$$

섹시한 갑옷을 입었을 때의 가장 큰, 또 가장 비능률적인 문제점이 있다. 바로 상대방이 갑옷을 쳤을 때, 타격의 물리력이 가슴의 디보트divot(골프 용어로서 움푹 파인 곳을 뜻함) 격인 가슴골로 고스란히 전달된다는 것이다. 그러면 그 진동이 흉골로 세게 파고들 것이고, 마침내 산산조각을 낼 수도 있다. 정말로 불쾌한 장면이 아닐 수 없다.

라이언은 〈왕좌의 게임〉에 등장하는 여성 영웅들이 입는 갑옷은 상당히 만족스럽다고 했다. 예를 들어, 강철 군도인들의 지도자 후보인 야라 그레이조이Yara Greyjoy가 입은 갑옷은 상당히 사실적이다. 그러나 가장 먼저 입어야 하고, 가장 나중에 벗어야 할 부분의 갑옷은 보이지 않는다고 라이언은 지적했다. 바로 목 보호대이다. 명검사인 타스의 브리엔Brienne of Tarth은 이 부분에서 훨씬 더 잘 보호가 되어 있다. 정말이지 브리엔은 온 몸이 꽤나 훌륭히 갑옷으로 덮여 있지 않은가. 사실 그녀는 여성 기사 차림으로는 거의 완벽한 수준이다. 게다가 힘도 세면서 매력적으로 보이기까지 한다.

물론 필자가 보기엔 〈왕좌의 게임〉 분장 팀이 남성 등장인물의 갑옷에 거대한 코드피스를 달지 않은 건 실수인 것 같지만 말이다.

여전사

아마도 야라 '아샤Asha 그레이조이'와 타스의 브리엔, 그리고 아리아 스타크는 판타지 소설에 등장하는 가장 맹렬한 여전사들이 아닌가 싶다. 칠왕국에서는 여성 전사들이 정말 득세를 한다. 하지만 우리의 세상에서는 전투 상황에서 여성들의 역할이란 꽤나 논란의 대상이다. '여성들도 전쟁에 참여해야 할까?'는 TV 토론회, 뉴스 게시판, 토크쇼 등등에서 정말 '잘나가는' 주제이니까. 어쨌든 일반적인 견해는 20세기에 들어서야 여성들이 군대에 복무하도록 인정받았다는 것이다. 여성이 정치 영향력을 얻고, 집밖에서 일하기 시작하면서 말이다.

사실 여성 전사들의 존재는 생각보다도 훨씬 그 역사가 오래되었다. 게다가 〈왕좌의 게임〉 속 여전사들과 역사 속 유명한 여성 영웅들 사이에는 공통점이 많다.

테온 그레이조이의 누나이기도 한 야라 그레이조이는 강철군도인 중 군사적 서열이 아주 높다. 야라는 남자형제들이 주위에 없는 가운데, 강철군도 사회에서 상당히 특수한 위치에 처한 거다. 따라서 강철군도의 왕인 그녀의 아버지로부터 좀더 '남성스럽게' 살도록 허락을 받았다. 그래서 그녀는 잠시나마 아버지의 후계자가 되어 강철군도의 왕이 되기를 꿈꾼 것이다.

한편, 강철군도인들은 바이킹과 매우 비슷한 문화를 지닌다. 바이킹 전사를 떠올리면, 우리는 남성을 생각하기 쉽다. 특히 거추장스러운 뿔이 달린 모자를 쓴 모습을(실제로 일상생활에서는 그런 모자를 잘 쓰지도 않았겠지만). 물론 이런 선입견은 노르웨이의 유명한 바이킹 '붉은 에릭Erik the Red'의 딸인 프레디스 에릭스도티르Freydís Eríksdóttir의 노여움을 샀을 법하다. 프레디스는 일반적인 바이킹 영웅 전설에 등장하는 여성 인물과는 확연한 차이가 있었다. 그녀는 도덕성 따위는 내던져버릴 수 있는 그야말로 성질을 건드리면 안 될 괴팍한 전사가 되기로 마음먹은 모양이었다. 이에 관련된 한 일화가 있다. 하루는 프레디스가 남자 바이킹 동료들과 적군 여성들의 야영지를 발견했다. 남자들은 이 여성들을 어떻게 해야 할지 몰랐다. 그러나 프레디스는 단호하게 "모두 죽여 버리시오!"라고 지시했다. 그러나 아무도 이를 따르지 않자, 프레디스는 눈을 부라리더니 직접 도끼를 가져왔다. 그러고는 여자도 남자처럼 극악무도한 전쟁범죄를 아주 무자비하게 저지를 수 있음을 직접 증명해 보였다.

후일 프레디스는 임신한 상태로 아메리카 신대륙으로 항해했다. 휘하에 남자 부하들을 거느리고, 자신 소유의 배를 타고서 말이다. 프레디스의 바이킹 부대는 곧 아메리카 원주민들을 만났고, 겁에 질려 후퇴를 하고 만다. 프레디스는 부하들의 비겁함에 치를 떨었다. 그러더니 끔찍한 전투 함성을 지름과 동시에 검을 꺼내서 자신의 옷을 찢고는 한쪽 가슴을 드러냈다. 원주민들은 이 몸짓에 너무나 겁을 먹은 나머지 도망갔다고 한다.

'왜 한쪽 가슴을 드러냈다고, 적들이 도망갔을까?'라고 의아해 할 수 있다. 혹시 미국의 시트콤 〈프렌즈Friends〉에서 모니카Monica가 가슴으로 친구인 조이Joey를 홀린 것과 비슷한 효과였을까? 그저 진퇴양난에 빠진 동료 바이킹들을 위해 시간을 벌기 위한 제스처에 불과했을까? 아니면 혹시, 프레디스의 가슴에 어떤 무서운 점이라도 있었을까? 원주민들이 가슴을 화난 상어로 착각한 건 아닐까? 그것도 아니면, 혹시 가슴에 희한한 그림이라도 그려 넣었을까? (뭐, 물론 아닐 거다. 좀 심심하다고 가슴에 그림을 그리는 사람은 없을 테니까.)

개인적으로 항상 꼭 글을 읽어 봐야지 하고 다짐하는 그리스 작가가 바로 '역사학의 아버지'라 일컬어지는 헤로도토스이다. 그는 한 아마존 부족의 여성들에 대해 이렇게 말했다. "제멋대로이고, 싸움질을 잘하며, 괴성을 질러댄다. 그리고 말을 타고 화살도 쏜다." 도트락인 칼Khal의 이미지를 떠올리되, 대상을 왕비인 칼리시Khaleesi로 바꾸면 비슷하지 않을까. 혹은 너무나 말을 잘 타서, 반인반마가 아닐까 하고 묘사된 리아나 스타크를 떠올려보자. (물론 『왕좌의 게임』 소설과 드라마의 시작 시점에서 리아나는 이미 죽은 상태였지만, 그녀의 존재는 뒤에 남은 사람들을 망령처럼 따라다닌다. 더욱이 그녀의 비밀이 누가 '왕좌의 게임'에서 이길 것인가에 지대한 영향을 미칠 예정이 아닌가.) 상대적으로 최근까지도 서양 고전학 학자들은 이런 글을 웃어넘기곤 했다. 어쨌든 헤로도토스는 다른 남성 고전 작가들이 여성 전사들에 대해 토론하고, 특히 이상하리만치 그들의 가슴에 대해 집착하는 전례를 만든 셈이다. 필자가 그런 작가들의 글을 읽어봤기에 단언할 수 있다. 글을 읽다보면 '그런데 여전사들이 싸우는 동안 가슴은 어땠을까?'라는 대목을 지겹게 마주

할 수 있을 거다. 정말로 말이다.

여전사들의 전투에 대한 역사 작가들의 글을 읽어 보라. 마치 기회만 되면 슬쩍 옆에 다가와 이렇게 말하는 것처럼 느껴질 테니까.

"여전사들에 대한 글을 읽고 있나요?"

"네, 그 대목을 정말 재미있게 읽고 있어요."

"흠, 여전사들에 대한 거라면, 그들의 가슴은 어떤 상황이었는지도 알고 싶겠군요?"

"별로요. 저도 여자라서 가슴이 있거든요. 가슴이 있으면 익숙해지는 법이라서요."

"어쨌든 그들의 가슴에 대해서 말씀 드리죠. 그게 말이죠."

"제발 가슴 얘기 좀 그만 하라고요!"

어쨌든, 다시 헤로도토스 얘기로 돌아가 보자. 그는 아마존의 여전사들이 화살을 더 잘 발사하기 위해서 한쪽 가슴을 도려내기까지 했다고 주장했다. 여기까지만 봐서는 아마 허구일 가능성이 많은 주장이다. 하지만 가슴 얘기는 제쳐두고라도, 20세기에 들어 흥미로운 고고학적 증거들이 점점 더 많이 발굴되기 시작했다. 예를 들어 스텝스[Steppes](유라시아 지역의 온대 초원) 지역의 무덤 발굴을 보면, 여성들이 창과 칼, 활 및 화살 등과 함께 묻혔음을 알 수 있다. 또한 여성 시체의 해골을 잘 살펴보면, 이런 무기들을 실생활에서 씀으로써 생겨난 이런저런 상처들이 많음을 알 수 있다. 게다가 그들이 실용적인 바지와

(마치 타스의 브리엔 것과 비슷한) 끝이 뾰족한 모자를 이용했음도 드러났다. 헤로도토스가 묘사한 여전사들과 정말로 많은 공통점이 있는 것이다.

그렇다고 과거의 여전사들이 오늘날의 현대 여성들과 타고난 힘에 차이가 있는 것은 아니다. 다만 그들이 말을 탔기에 남녀 간의 역량차가 줄어든 것이다. 만약 빨리 달리는 말에 올라타 활과 화살을 쓴다면, 성별차이는 덜 중요해진다. (리아나 스타크가 남자들을 상대했을 때도 이런 상황이었을 것이다. 리아나는 '웃는 나무의 기사Knight of the Laughing Tree'로 변장하고 자신의 친구 하울랜드 리드Howland Reed를 괴롭히던 세 명의 기사에 맞서 싸워 그들을 모두 말에서 떨어뜨렸다.)

물론 일반적인 여성이 일반적인 남성에 맞서 싸운다면, 대개 전자가 후자보다 약한 게 사실이다. 그렇다고 해서 여성들이 싸움에 능하지 않다는 뜻은 아니다. 전직 영국 종합격투기 챔피언이었던 로지 섹스턴Rosi Sexton의 예를 들어 보자. 그녀는 케임브리지대학과 맨체스터대학에서 수학 박사 학위를 따기도 했다. 로지에 따르면 소녀 및 여성들이 '자기방어'에 관심을 갖는 건 인정을 받는다. 그러나 격투기에 관심을 갖는 경우는 아직도 매우 드물다고 한다. 자기 스스로를 지킨다는 것은 달리 방도가 없기 때문에 그럴싸하다는 것이다. 하지만 아무리 직업적인 이유라도 여성이 싸움에 뛰어드는 것은 완전히 인정받지 못하는 분위기란다. 여성들이 할 만한 우아한 행동이 못 된다는 이유에서다. 로지는 또한 트레이닝을 받으면 남녀 간의 전투력 차이가 많이 좁혀질 수 있다고 지적했다. 신체조건이 대강 비슷한 남녀라면, 트레이닝을 잘 받은 여성이 준비가 덜 된 남성을 이길 수 있다는 거다. 역사 속의 아마존 여전사들이 정말로 맹렬한 전사들이었다는 증거들은 충분하다. 그럼에도 불구하고 여전사들이 사회에서 하나의 계층으로 자리 잡았다는 것은 현대의 우리 시선에서도 상당히 놀라운 일로 보인다. 아마도 브리엔이나 아리아의 시선에서조차 말이다.

가장 강한 자

일명 '거산The Mountain'이라 불리는 그레고르 클레게인은 웨스터로스 전역에서 가장 강한 자로 일컬어지며, 인간의 두개골을 맨손으로 박살 낼 수 있을 정도라고 한다. 현실에서 그레고르 클레게인의 배역을 맡은 헤퍼 율리어스 요르더슨Hafþór Júlíus Björnsson은 지난 5년간 아이슬란드 전역에서 '가장 강한 자' 타이틀을 거머쥐었다. 게다가 세계에서 가장 강한 자 10위권에도 이름을 올렸다고 한다. 꽤나 대단하지 않은가. 하지만 몇몇 자연 인류학 학자들은 오늘날에는 칭송을 받을 만한 이런 업적이 고대 남녀가 지녔을 힘의 크기에는 비할 바가 아니라고 주장한다.

그럼 옛날에는 모든 사람이 거산과 비슷하기라도 했다는 걸까? 그래서 모두가 늘 거산 같은 이들에게 머리를 잘릴까 봐 불안해했을까? 한편, 타스의 브리엔처럼 전투에서 남자들을 식은 죽 먹기로 상대하는 이들이 있었을까? 역사 속에서 그녀와 비슷한 경우를 찾을 단서는 없을까?

네안데르탈인의 화석뼈로 그 힘을 측정해 보면, 근육에 긴장이 더해감에 따라 체격이 점점 더 커졌음을 알 수 있다. 호주의 인류학자인 피터 맥알리스터Peter McAllister는 이렇게 설명한다. "인간의 몸은 가소성이 매우 높아서 긴장에 잘 반응합니다. 오늘날 우리 몸의 장골의 뼈 몸통 40퍼센트가 퇴화되었어요. 과거 인류에 비해 뼈 몸통 위의 근육량이 훨씬 적어졌기 때문이지요." 말하자면 오늘날의 인류는 고대의 인류와 같은 노동 및 도전과제가 주어지지 않았기 때문에, 강하고 밀도 높은 뼈를 발달시키지 못했다는 것이다. 엘리트 체육인이 아무리 강도 높은 트레이닝을 한다 해도, 네안데르탈인의 하루 일과에 해당하는 노동 강도에도 미치지 못한다는 얘기다.

맥알리스터는 또한 네안데르탈 여성이 현대 유럽 남성보다 10퍼센트 정도 근육량이 많았다는 강한 증거가 있다고 주장한다. 네안데르탈 여성이 만약 최대치의 트레이닝을 받는다면, 1970년대의 아놀드 슈와제너거의 전성기 때 근육량의 90퍼센트에 도달할 수 있을 거라 설명한다(훈련과정을 비디오에 담는다면 멋지지 않겠는가). 그게 다가 아니다. 맥알리스터는 말한다. "아래팔이 훨씬 짧다는 특이한 신체적

조건 탓에, 아놀드 슈와제너거를 탁자 위에 쉽게 내동댕이칠 수도 있을 거예요."

방금 적군을 한껏 이겼다고 가정해 보자. 그런데 그 적군이 지켜보는 가운데 환호를 지르는 적군 여성과 팔씨름을 해서 지면 어떨까? 인생 최고의 시나리오는 아닐 것이다. 하지만 그럴 가능성은 거의 없다고 보면 된다. 현대 여성은 팔뚝이 짧기 때문에, 현대 남성을 이길 여분의 힘이 없기 때문이다. 팔씨름에서 승패를 판가름 하는 것은 순전히 근육량이라고 보면 된다. 반면, 네안데르탈 여성은 현대 남성에 비할 만한 근육량을 갖는다. 물론 그 둘의 팔씨름 결과가 어떻게 판가름 날지는 예측불가지만 말이다.

운명을 판가름 한 활과 화살

티리온은 자신을 조종하고 괴롭히는, 하지만 대단한 정치력을 가진 아버지 타이윈 경을 살해했다. 그렇게 라니스터 일가의 황금 권력에 타격을 입힌 것이다. 하지만 그게 다가 아니었다. 티리온은 그도 모르는 새, 칠왕국의 정세를 일순간에 급격히 뒤바꿔 놓았다. 그런 변화를 일으킨 주범은 바로 활과 화살이었다. 활과 화살은 인간이 아는 가장 오래된 무기 중 하나다. 운명의 궤도를 바꿔 놓고 전투의 승패를 정하며, 역사의 흐름까지도 바꿀 수 있는 힘을 지닌 무기인 것이다.

물론 타이윈은 화장실 변기에 앉아 있는 동안 화살에 맞았다. 공격에 대항할 준비를 하거나, 전투복을 입을 겨를도 없었다. 그래서 쉽게 당해버렸던 것이다. 역사적으로도 많은 이들이 전투복을 입지 않은 상태에서 화살에 맞아 죽은 예들이 있다. 또한 얼굴처럼 노출된 부위에 화살을 맞아 죽기도 했다. 그러나 갑옷으로 무장한 기사들이(이들은 한마디로 중세시대의 '탱크' 격이었다) 날아온 화살에 갑옷이 뚫려 죽었다는 증거는 불충분하다.

인터넷에는 '화살과 갑옷이 대결하면 누가 이길까'를 재현을 해 놓은 동영상들이 아주 많다. 이런 동영상에는 주로 표준 영국영어를 구사하는, 열성적인 내레이터가 나온다. 그러고는 자신의 영국인 선조들이 프랑스 적군을 아주 철저히 짓밟아 버리는 전투의 한 장면을 재현하는 것이다. 혹은 아주 굵은 목을 가진 맘씨 좋은 미국인 내레이터가 나오기도 한다. 타깃으로 과일을 마련해 놓고는 활과 돌격 소총assault rifle을 쐈을 때의 결과를 대강 비교해 본다. 수박을 향해 활을 쐈을 때의 효과에 실망하지 않으려 노력하면서.

이들 동영상 모두에서 인정하는 건, 화살로 갑옷에 상처를 낸다는 게 매우 어렵다는 점이다. 이를테면 20미터와 같은 아주 가까운 반경에서 쏘지 않는 한 말이다. 궁사들은 말 위에 오른 적군 기사들에게 그 정도로 가까이 다가가기 힘들다. 따라서 중세시대에는 화살 몇 대를 맞고도 당분간은 생존할 가능성이 많았다. 마치 〈왕좌의 게임〉에서 존 스노우가 야인 여성 이그리트Ygritte에게 화살을 몇 대나 맞고도 살았던 것처럼 말이다. 물론 운 나쁜 타이윈처럼 가까이 맞았을 경우엔 얘기가 다르겠지만.

한 대의 화살이 운명을 결정한다

활은 사실 간단한 장치이다. 줄을 당기면, 운동 에너지가 생성되었다가 화살과 함께 타깃을 향해 발사되는 것이다. 그러나 제대로 쏜 화살은 전투의 판도를 완전히 뒤바꿔 놓을 수도 있다. 아마 역사상 가장 황당하게 발사된 화살은 노르만족의 한 궁사가 헤이스팅스 전투에서 정신없는 해럴드 왕의 눈에 쏜 것이었을 거다. 그 결과, 프랑스 왕인 정복왕 윌리엄이 영국의 왕위에 올랐다. 이때부터 영국의 문화적 양상은 바뀌기 시작했다. 영국 언어도 프랑스화의 영향을 받는 시대가 열렸고, 비데bidet에 대한 농담도 유행하게 된 것이다.

화살의 타깃이 된 왕은 해럴드뿐만 아니었다. 사자왕 리처드라 불리는 영국의 리처드 1세의 일화도 있다. 리처드 왕이 프랑스의 한 성을 포위하던 중에 잠시 한숨을 돌리고 있었는데, 전투 중인 한 궁사가 눈에 띄었다. 이내 그는 그 궁사가 프라이팬을 방패로 쓰고 있음을 알아차렸다(어떤 자료에 따르면 냄비였다고도 한다. 또 다른 자료는 조지 포먼George Forman 사에서 만드는 그릴 같다고도 한다. 뭐, 조리도구의 세세한 분류는 역사의 소용돌이 속에서 잊히기 마련이니까. 어쨌든 오래전에 부엌에서 쓰던 도구임에는 틀림없다). 그 모습을 본 리처드는 너무나 재미있어 했다. "너무나 훌륭한 무기라서 내 이름이라도 붙이고 싶은 걸." 리처드는 이렇게 말하고는 너털웃음을 지었다고 한다. 한편, 왕이 이렇게 즐거워하는 동안, 또 다른 프랑스 궁사가(겨우 소년에 불과했다는 주장도 있다) 리처드 왕이 무방비 상태임을 알고는 화살을 당겼다. 화살은 리처드 왕의 어깨를 정확히 관통했다. 이후 상황은 급물살을 탔다. 리처드 왕은 막사에 몸져 누워버렸다. 하지만 곧 활을 쏘았다는 그 궁사를 불렀고, 그를 용서해 주었다고 한다. 그러나 왕이 마지막 숨을 거두자 왕의 시종들은 그다지 관대하게만 굴지 않았다. 마치 램지 볼튼처럼 그 프랑스인 궁사를 산 채로 가죽을 벗겼던 것이다.

장궁(longbow) 대 석궁(crossbow)

중세시대 전투에 대해 조금이라도 관심이 있는 영국인이라면 아마 잘 알 것이다. '잉글랜드 롱 보우', 혹은 '웰시Welsh 롱 보우'라 알려진 장궁이 얼마나 유명한 공포의 무기였는지를. 장궁은 역사상 유명한 몇몇 살육전에서 전세를 역전시킨 장본인이기도 했다. 자주 언급되는 예가 1346년의 크레시Crécy 전투이다. 당시 영국군은 프랑스군에 비해 크게 수적 열세에 놓였을 뿐 아니라, 병사들도 오합지졸에 가까웠다. 스펙을 한번 살펴보자. 프랑스에는 많은 수의 기사들이 있었다. 반면, 영국군은 적은 수의 농민 계층이 대부분이었다. 그런데도 영국군은 대승리를 거뒀다. 어떻게 그게 가능했을까? 정말로 그 비결이 영국군이 사용한 장궁에 있었을까? 정말로 장궁은 당대 최고의 무시무시한 병기였던 걸까? 아니면 눈시울을 촉촉이 적실 정도의 애국심이 영국군을 승리로 이끈 걸까?

역사가들은 이에 대해 아직도 활발히 논쟁 중이다. 장궁은 주목나무로 만들어지며 석궁에 비해 확실히 장점이 있다. 이는 주목나무의 특이한 성질 때문이다. 주목은 겉은 딱딱하고 속은 연하며, 놀라우리만치 잘 휘어진다. 또한 장궁은 석궁에 비해 재장전이 훨씬 빠르다. 따라서 장궁을 쓰는 궁사들은 분당 훨씬 더 많은 화살을 쏟아낼 수 있었다. 그러나 실은 이 화살들이 사람을 죽일 확률은 크지 않았다. 적군과 거의 대면하듯 가까이 있지 않은 이상은 말이다. 따라서 장궁의 주된 효과는 적군에 혼란과 공포를 일으키는 것으로 보인다. 특히 말들은 갑옷을 입은 게 아니기 때문에, 연발하는 화살에 겁을 먹거나 상처를 입을 수 있었다. 따라서 대혼란이 일기 쉬웠고, 말들은 아수라장 속에서 기사들을 떨궈버리는 일이 잦았던 거다.

장궁이 무기로서의 높은 가치를 인정받았다면, 한 가지 의문점이 생긴다. 왜 프랑스인이나 스코틀랜드인들은 계속 석궁을 고집하고, 잉글랜드인이나 웰시인으로부터 장궁 제조법을 배우지 않았을까? 대개 아주 위력적인 무기는 온갖 나라들이 달려들어 대량 획득하려는 법 아닌가. 혹시 이게 장궁이 그다지 위대한 무기가 아니라는 증거는 아닐까? 최근의 한 논문은 바로 이 문제에 대해 질문하고, 그 답이 바로 정치적 이유라는 결론을 내렸다. 중세시대에 잉글랜드와 웨일스는 일반적으로 정치적으로 안정되었던 반면, 프랑스와 스코틀랜드는 그러지 못했다. 논문의 저자인 두 경제학자들은 그 사실이 결정적이었다고 주장했다. 잉글랜드에서는 평민들의 무장 봉기를 걱정할 필요가 훨씬 적었던 반면, 프랑스와 스코틀랜드에서는 불만을 품은 농민 계층이 쉽게 무기를 얻지 못하도록 주의를 기울였던 것이다.

게다가 잉글랜드에서는 특이하게도 왕실에서 15세부터 60세 사이의 남성들에게 매주 장궁으로 연습하라는 칙령을 내렸다. 한동안은 전 국민이 연습에 집중할 수 있도록 축구도 금지시켰을 정도였다. 이 칙령을 마음속 깊숙이 새긴 영국인들이 있었다는 증거도 있다. 바로 헨리 8세의 침몰된 함대 메리 로즈Mary Rose에서 발견된 해골이었다. 고고학자들은 배의 갑판 위 궁수들의 해골에서 평생 90킬로그램에 달하는 무거운 활을 주기적으로 당긴 결과 생긴 반복 운동 손상의 흔적을 발견했다. 90킬로그램이면 오늘날의 일반적인 세탁기 무게에 해당하는 정도이다.

브이 사인의 유래

영국인들이 검지와 가운뎃손가락으로 브이 사인을 만드는 습관은 양궁에서 그 근원을 찾을 수 있다는 설도 있다. 그러나 친근함의 표시로 보이는 이 브이 사인이 사실은 도전의 의미라고 주장하는 이들도 있다. 웨일스와 잉글랜드의 궁사들이 프랑스 적군을 향해 두 손가락을 높이 치켜들어 흔드는 것이, 아직도 활시위를 당길 힘이 충분하다는 것을 드러내 보인 제스처라는 거다. 결국 분노한 프랑스군이 영국군을 포로로 잡아 손가락을 절단해버렸다는 말이 있을 정도다.

어디서부터 그 진위를 살펴봐야 할까? 우선, 영국 궁사들은 대부분 천민 신분으로 몸값이 형편없었다. 그러니 프랑스군이 복수를 하려 했다면, 영국 궁사들의 손가락을 자르기보다는, 잡자마자 검으로 찔러 죽였을 확률이 높다. 마치 전투가 끝나고 램지 볼튼이 그랬던 것처럼. 사실 프랑스군이 보복으로 영국군의 손가락을 잘랐다고 주장하는 현대의 자료는 프랑스 것이 유일하다. 전투 전날 한 영국 왕이 군사들에게 "자네들 그거 아나, 프랑스군은 맘만 먹으면 자네들 손가락을 세 개나 잘라낼 정도로 악랄하다는 걸 말일세"라며 겁을 주었다는 것이다. 이 자료의 프랑스인 저자는 이 대목을 매우 끔찍하게 생각했던 모양이다. 주석까지 달아 얼마나 이 대사가 부당하게 반反프랑스적인지를 지적했으니까. 모든 영국인들은 다 똑같이, 프랑스인 얘기를 꺼낼 때마다 무례하게 획일화를 시켜 놓는다고 말이다. 이렇게 언급한 후 글을 급작스럽게 끝맺는 걸 보면, 아마도 이 저자는 성급한 성미를 못 이겨 반대 시위라도 하러 뛰어나간 건지도 모른다.

2부

얼음

The Science of Game of Thrones

제 4 장

북쪽의 영향

왕좌의 두뇌

참으로 신기한 일이다. 호도Hodor가 호도가 아니었다니. 호도의 본명은 윌리스Wyllis였다. 글쎄, 소설 『왕좌의 게임』의 시리즈 "얼음과 불의 노래"를 보면 호도는 윌리스가 아닌 왈더Walder라고 불린다. (아마도 그의 가족의 영주였던 왈더 프레이 경Lord Walder Frey를 기리기 위해서일 수 있다). 하지만 드라마에서는 윌리스라 불리는 것이다(80년대 인기 코미디 〈디퍼런트 스트록스Diff'rent Strokes〉를 추억하려는지도 모른다. "너 대체 무슨 소리니, 윌리스?"라는 대사가 유명했다.) 헷갈리는 게 무리가 아니다. 얼음과 불의 세상은 '호도'라는 단어를 끊임없이 반복하는 등장인물의 소리가 울려 퍼지는 가운데 돌아가곤 했으니까. 그 결과, 애청자이든 애독자이든 간에 거의 모든 이들이 그 인물의 이름이 호도인줄로만 안 것이다.

하지만 틀렸다. 윌리스가 본명이었으니 말이다. 그럼 어찌된 일일까? 왜 호도, 아니 윌리스는 '호도'라는 한 단어에 집착한 걸까?

아마도 150년 전에 실시된 획기적인 과학 연구를 통해 그 답을 찾을 수 있을지도 모른다. 프랑스의 외과의사인 파울 브로카Paul Broca는 사람들의 뇌를 부단히 연구했다. 그리하여 현대 뇌 과학의 초석을 닦은 것이다. 뇌 실험을 진행하는 동안, 브로카는 피에르라는 이름의 중년남성을 만났다. 아주 희한한 언어장애를 갖고 있던 사람이었다. 피에르가 무슨 말을 하려 할 때마다, 그의 입에서 나오는 건 '탠tan'이라는 단어뿐이었던 거다. 결국 사람들은 모두 아무렇지 않게 피에르를 탠이라고 부르게 되었다. 마치 우리 모두가 윌리스를 호도라고 생각했던 것처럼. 여하튼 이 심각한 언어장애는 피에르의 삶 전반에 영향을 미쳤다. 예를 들어 한번은 자신의 집 페인트칠을 한 업자에게 부탁했는데, 결국 모든 방이 단조로운 중간 갈색 방으로(탠이 '갈색'이라는 뜻이므로) 변했다는 것이다. 아, 물론 이건 농담이다.

여하튼, 피에르가 결국 숨을 거두자, 브로카는 그의 두개골을 열어 뇌를 꺼냈다. 그러자 좌뇌의 전두엽 부분(현대의 과학자들은 이를 단

호히 '좌대뇌반구의 전두회'라 칭하기도 한다)에 손상이 생겼음이 발견되었다. 이후 1세기 이상의 후속 연구로 손상된 뇌의 부분이 언어 생성과 직접적으로 연결되어 있음이 밝혀졌다. 좌뇌의 전두엽에 손상이 생길 때마다 사람들은 말을 하는 데 어려움을 겪는다. 그러니, 대개 우반구에 뇌졸중이 온다면, 좌반구에 오는 것보다는 다행인 셈이다. 오늘날, 문제의 뇌 부위는 브로카의 이름을 따서 '브로카 영역'이라 불린다.

〈왕좌의 게임〉의 팬이라면, '왜 호도는 호도라는 단어를 반복하게 됐을까?'를 오랜 시간 궁리해 봤을 거다. 혹시 뇌졸중이나 뇌종양을 앓았던 건 아닐까? 아니면 머리를 세게 강타 당했거나. (사실 흥미롭게도 호도의 머리에는 상처가 있다. 물론 상처가 오른쪽에 나긴했지만.) 또, 브로카 영역의 심한 손상은 영양실조에 의해 일어날 수도 있다. 그러나 워낙 체구가 큰 윌리스의 경우에는 해당이 없을 듯하다. 그래도 여전히 한 가지는 확실하다. 윌리스는 심각한 표현언어상실증의 전형적인 케이스라는 것. 타인이 말하는 것은 알아듣고, 그에 반응도 하지만, 한 마디 이상의 단어를 말하기가 매우 힘들다는 것이다.

브로카의 연구는 우리가 뇌를 이해하는 방식에 초석을 닦은 셈이다. 브로카가 탠, 아니 피에르의 뇌를 직접적으로 들여다보기 전에는, 사람들은 뇌가 하나의 큰 덩어리 상태로 작동해서 사고와 감정, 행동을 표현한다고 생각했다. 그러나 브로카는 절대 그렇지 않다고 확신했던 것이다. 즉, 뇌의 각각의 부분이 나뉘어 특정 업무를 수행한다고 본 것이다. 좌반구의 미세한 부위에 입은 손상으로 언어생성에 심한 장애를 입은 사례가 그러한 전제를 증명하게 되었다. 어찌 보면 놀랍도록 단순한 전제가 현대 뇌 과학의 전반을 지배하고 있는 셈이다. 근사한 뇌 사진들을 한 번 보라. 뇌의 어느 부분이 시력, 기억, 그리고 오르가슴에 관여하는지를 알 수 있을 테니까. 그리고 귀로 들리는 것과 뇌의 관계에 대한 중요한 단서도 마련해 준다. '호도? 호도? 아…호도!' 하며 우리가 윌리스를 호도라고 생각한 것처럼.

'얍삽한 녀석 전략'
샘웰 탈리의 성공의 놀라운 비밀

샘웰 탈리Samwell Tarly는 '돼지 아가씨', '햄 영주', '돼지 갈비 왕자' 등의 별명으로 불린다. 그는 스스로도 인정한 겁쟁이이자, 혼 힐Horn Hill의 랜딜 탈리 영주Lord Randyll Tarly의 계승권에서 탈락한 후계자이다. 아마 많은 〈왕좌의 게임〉 팬들이 샘웰 탈리에게 큰 애정을 느낄 거다. 책벌레이고, 어딘지 칠칠맞으며, 통통하고, 사교성도 부족한 그에게. 그의 아버지인 랜딜 탈리는 사실 웨스터로스에서 매우 강력한 힘을 지닌 영주이다. 그는 칠왕국에서 가장 웅장하고 권위 있는 무관 중 한 명이기도 하다. 심지어 탈리 가문의 가훈은 '전쟁터에서는 선봉에First in Battle' 일 정도이다. 하지만 샘(샘웰 탈리의 애칭)은 막대한 재산과 특권을 거머쥘 기회를 날려버리고 만다. 싸움에 관한 한 영 재능이 없었기 때문이다. 그래서 그의 아버지는 그를 억지로 밤의 경비대에 들어가게 한다. 아들이 사냥 중에 사망한 것으로 위장하느니, 그게 더 낫다고 판단한 거였다. 그런 위장이 대강 어떤 식인지 로버트 바라테온 왕의 죽음을 통해 모두 잘 알 거다.

여하튼 샘이 처음 등장했을 때, 그는 겁먹은 모범생 같은 모습이었다. 그리고 다른 불량한 대원들로부터 심하게 놀림을 당한다. 소위 '새로운 형제들'이 샘을 모욕하고 '돼지 경Sir Piggy'이라고 부른 거다. 하지만 그건 샘에겐 별 대수롭지 않은 일이었다. 전통적인 '마초 기질'이 부족하다는 이유로 평생 모욕과 따돌림을 당해 왔으니까. 마초 기질은 샘이 속한 세계의 귀족 자제들에게 매우 중요한 것이었다. 그의 아버지는 샘을 소위 '알파맨alpha male'으로 탈바꿈 시키고자 수도 없이 노력하나 실패한다. 심지어 그는 샘에게 여장을 시키거나 쇠사슬을 엮어 만든 갑옷을 입고 자도록 하기까지 한다. 또한 남자 마법사들에게 도움을 얻어 오로크스aurochs(멸종한 소과의 동물)의 피에 샘을 목욕시키기도 한다. 정말 '올해의 아버지상' 수상 감이 아닌가. 그러나 이 모든 건 실패로 돌아간다. 그리고 둘째 아들이 태어나자, 랜딜 탈리는 첫째 아들을 세상의 끝이라 하는 '장벽the Wall'으로 보내버릴 계획에 착수한다. 그렇게 샘의 존재를 잊어버리고 만다.

하지만 이렇게 끔찍한 양육 속에서도 샘은 친절하고 사려 깊은 사람으로 남는다. 독서를 사랑하고 바닷가에서의 긴 산책을 즐기는. 그 바다는 바로 밤의 경비대라는 음울한 남성성의 집합체인 셈이었다.

거대한 벽을 타고 넘실대는 바다. 그 바다에 샘은 길리와 함께 풍덩 빠지게 된다. 길리는 친절하고 똑똑한 야인 소녀로 자신의 갓난 아들을 구하려 했다. 그리고 점차 길리는 샘에게 빠지게 되고, 물론 샘도 그녀에게 빠지게 된다. 그리고 우리 팬들은 그들의 알콩달콩한 사랑을 응원해 나가는 것이다.

물론 〈왕좌의 게임〉은 흔한 로맨틱 코미디와는 차원이 다르다. 길리도 마음씨가 비단 같지만 엉뚱한 웨이트리스, 혹은 약간 까다롭고 무뚝뚝한 시내 미술 갤러리 주인 여성 같은 캐릭터는 아니다. 오히려 딸들과는 근친결혼을 하고, 아들들은 희생 제물로 바치는 무시무시한 크래스터[Craster]라는 인물의 탄압을 이겨낸 인물이다. 길리는 용감하고, 어딘가 걱정 많은 암사자 같은 마음씨를 지닌 여성이었다. 그럼에도 샘이 언급했듯, 길리의 흥미로운 점은 미래에 대한 낙관을 잃지 않는다는 것이다. 끔찍한 크래스터의 손에 모진 학대를 당했음에도 말이다.

샘이 밤의 경비대에 한 맹세는 그가 앞으로 전사도 연인도 되지 않겠다는 거였다. 이렇게 독신주의가 포함된 맹세를 한 후, 행정병 소속으로 임명(실상은 강등이지만)받는다. 정말로 검을 다루는 데는 아무런 재능이 없었기 때문이다. 하지만 결국 후일 샘은 길리와 사랑에 빠질 뿐 아니라, 육체적 관계까지 맺게 된다. 더 놀라운 것은 길리와 그녀의 아이를 위협하는 화이트 워커를 멋들어지게 해치워 버렸다는 것이다. 길리는 자신이 글을 배우기 전부터 샘의 지식과 독서에 대한 애정에 무척이나 감명을 받았었다. 그가 한 페이지에 있는 글자들로부터 얼마나 많은 지식을 습득하는지를 보고 감탄하면서. 심지어 샘에게 마치 마법사 같다는 말까지 한다(샘을 이를 큰 칭찬으로 여긴다).

그렇다면 '남자답지 못한 돼지 경'인 샘이 어떻게 테스토스테론이 넘쳐나는 밤의 경비대에서 성공을 거두고 심지어 여자 친구까지 사귀게 됐을까? 밤의 경비대는 샘과 같은 남자들이 성공하기가 무척 어려운 환경이 아닌가. 그리고 샘과 길리의 관계는 앞으로 어떻게 발전하게 될까?

과학이 이 질문들에 대한 대답을 제공해 줄지도 모른다. 특히 20세기의 가장 저명한 진화생물학자 중 한 사람인 존 메이너드 스미스John Maynard Smith 교수의 연구를 살펴보자. 스미스는 자연선택에 관한 이론으로 잘 알려져 있다. 또한 게임 이론(게임이론은 원래는 포커와 체스 게임을 분석하기 위해 개발되었다)을 '살아 있는 생명체가 원하는 것을 어떻게 얻는가'에 응용하는 연구로 명성을 얻었다.

스미스가 등장하기 전, 진화 생물학자들은 대개 자연선택의 관점에서 남성들이 사회에서 성공을 얻고자 경쟁하는 현상은 당연하다고 여겼다. 그렇게 해서 우월한 남성일수록 후세에 자신의 유전자를 물려주는 기회를 많이 얻는다고 본 것이다. 우월한 남성은 자신의 '우월성'을 매우 남성적인 활동을 통해 드러내지 않는가. 이를테면 서로 싸움질을 하거나, 전철 안에서 다리를 쩍 벌린다든가 하는.

그러나 스미스의 의견은 달랐다. 그는 적자생존을 통해 번영하고 '삶이라는 게임'에서 승자가 되는 방법에는 여러 가지가 있다고 보았다. 동물들도 인간들처럼 어떤 행동을 하기로 결정하기 전에 다른 동물들이 하는 행동을 보고 해석하려 하며, 예측까지 한다. 그렇기에 스미스는 자연 속 동물들의 행동들에 대한 문제를 공식화해서 평가하는 데 수학과 확률의 힘을 빌리기에 이른다. 스미스는 이렇게 주장했다. 자연선택이란 어떤 특정한 행동들만 선호하는 '공격적 우성aggressive dominance'이 아니라, 한 종족 안에 여러 다른 특징들이 조화를 이루며 사는 것이라고 말이다. 그래야만 예를 들어 힘든 세상에서 다양한 환경이나 도전 과제에 마주쳤을 때 종족이 살아남을 확률을 최대한 높일 수 있다는 것이다. 스미스는 이 이론을 '진화적 안정 전략evolutionary stable strategy'이라 이름 붙였다.

진화적 안정 전략 이론 중에서 샘에게 맞춤형이라 생각되는 부분이 바로 스미스가 '얍삽한 녀석 전략'이라 부른 것이다. 이 전략은 왜 종종 순종적인 남성들이 여성들의 마음을 얻게 되는지를 설명한다.

이 전략을 구글Google과 같은 검색엔진에 한번 쳐보라. 아마 '얍삽한 녀석 전략'에 관한 연관 검색어들이 주르륵 뜰 것이다. '얍삽한 남성 신드롬sneaky male syndrome('녀석'보다는 점잖으니 앞으로 이렇게 부르기로 하자)', '암컷 훔치기kleptogamy(같은 현상에 대한 학술적 용어이다)', '배우 클라이브 오언Clive Owen(뜬금없긴 하다)' 등등. 하지만 놀랍게도 이 글을 쓰는 순간까지 이 전략에 대한 내용이 위키피디아에는 등재되지 않고 있다. 위키피디아라 하면 잡다한 전문지식의 왕국이 아닌가. 혹시 이 '얍삽한 남성 전략'으로 인해 가장 득을 볼 사람들끼리 모종의 음모를 꾸며 고의로 등재하지 않은 게 아닐까?

여하튼 스미스의 이 이론은 널리 관찰되는 현상이다. 자연에서는 소위 '얍삽한 수컷'이 '알파 수컷들'이 위상을 드러내며 서로 싸우느라 정신없을 때 자신의 기회를 호시탐탐 엿보는 일이 종종 보인다. 안전함을 확신한 얍삽한 수컷은 암컷에게 슬쩍 다가갈 순간을 노린다. 이때 만약 암컷도 수컷의 생김새를 맘에 들어 하면 둘은 교미를 시작할 수 있다. 이 모든 게 '안 얍삽한 수컷들'이 암컷을 차지하기 위해 정직하게 피땀 흘려 싸우고 있을 때 벌어지는 일이다.

그렇다면 이런 상황에서 암컷에게 유리한 점은 무엇일까? 쇠똥구리를 대상으로 '얍삽한 수컷'을 연구한 예를 살펴보자. 사실 얍삽한 수컷은 싸움질을 하는 수컷보다 '더 나은' 유전자를 물려준 경우가 많았다고 한다. 게다가 쇠똥구리계의 수퍼모델 암컷 앞에서 즉흥적인 유머감각도 발휘하고 말이다(믿거나 말거나지만).

인간 세상에서는 이 '얍삽한 남성'이 진심으로 주변 여성들과 어울리는 걸 좋아하고 그들에게 관심을 갖는 인물일 수가 있다. 혹은 그저 좀 더 수줍고 예민해서 주변에 잠재적 여자 친구들을 끌어들이는 사람일 수도 있다. 이러한 예들은 몇몇 여성들은 남자들이 자신을 두고 경쟁하는 것보다는 남자로부터 기분 좋은 관심을 받는 걸 선호한다는 파격적 이론을 뒷받침하는 셈이다. 상상이 가는가?

한편, 소위 '우월한 알파 남성'이 얍삽한 남성의 전략을 이기려 하는 경향도 있다. 과학자 리처드 도킨스Richard Dawkins와 존 크렙스John Krebs는 붉은 사슴 수컷들이 암컷들을 자신의 하렘harem으로 끌어들이는 과정에 대해 글을 썼다. 알파 수컷들은 서로의 가지진 뿔이 가장 단단해졌을 때 싸움을 하는 것을 피하곤 한다. 우선은 부상을 당할까 봐 염려스러워서이고, 또 하나의 이유는 싸움이 길어지면 서열이 낮은 '얍삽한 수컷'이 암컷과 함께 몰래 빠져 나갈까 봐 이를 미연에 방지하기 위해서란다.

〈왕좌의 게임〉에서도 싸움을 질질 끌면서, 상대방이 달아날 때까지 고래고래 고함을 질러대는 게 주특기인 가문들이 많이 나오지 않는가. 하지만 샘과 길리의 예기치 못한 사랑이 싹트는 장면은 사랑과 로맨스가 드문 〈왕좌의 게임〉 세상에 실낱같은 희망을 심어 주고 있다.(물론 누이 세르세이와의 근친 관계를 두고 '사랑을 위해서라면' 아무 짓이나 한다는 제이미 라니스터 경의 경우도 사랑으로 친다면 모르겠다. 그 사랑 때문에 순진한 일곱 살짜리 브랜 스타크를 태연히 창밖으로 밀어내다니.) 우리 모두가 인생을 살면서 사랑을 찾고 느끼고 싶어 한다. 그야말로 인간의 본능적 감정이니까. 만약 그 사랑이 결실을 맺지 못하거나, 실은 사랑이 아니었다고 해도, 그 자체로 의미가 있지 않은가? 길리와 샘은 둘 다 마음씨 따뜻하고 친절한 인물들이다. 그러나 서로가 서로를 찾기 전까지는 삶 속에서 학대를 당하고 여기저기 두들겨 맞으며 살아온 거다. 나 자신을 있는 그대로 사랑해주고, 세상을 있는 그대로 이해하도록 도와주는 사람을 찾는 것. 그건 정말이지 꿈같은 일이다. 여러분도 이에 수긍할 거라 생각한다(어쨌든 필자는 그 사랑 덕분에 매일 늦게나마 침대에서 일어나곤 한다).

그러면 길리와 샘은 모든 역경을 이겨내고 사랑을 이룰 수 있을까? 그래도 〈왕좌의 게임〉이니까 아직 방심하기엔 이르다. 물론 샘은 밤의 경비대의 맹세를 저버렸다. 하지만 어떻게 연인과 계속 함께 지낼 것인가는 아직 불투명하다. 샘은 길리에게 그 어떤 공주보다도 그녀와 결혼하고 싶다고 말하긴 했다. 그럼에도 샘은 여전히 밤의 경비대에 평생 매인 몸이다. 안타깝게도 밤의 경비대에서는 '어머니보다 형제가 중요하다'고 하지 않는가. 흠.

그래도 샘이 '얍삽한 녀석'이라는 걸 간과하면 안 된다. 샘과 길리 커플은 훨씬 더 폭력적인 다른 등장인물들이 싸우다 사라질 때까지 오랫동안 잘 먹고 잘살지도 모르는 일이니까.

또한, 소설 『왕좌의 게임』 "까마귀와의 향연" 마지막 부분에서 샘이 '겨울의 뿔나팔The Horn of Winter'을 갖고 있을지도 모른다고 밝혀지는 장면을 상기할 필요가 있다. 겨울의 뿔나팔은 전설 속의 물건으로 장벽을 지키거나 무너뜨릴 마법의 힘을 지니고 있다. 장벽은 화이트 워커와 사람의 영역을 가르는 유일한 벽으로 얼음으로 만들어져 있다. 워낙에 골동품을 사랑하는 샘은 이 뿔나팔을 존 스노우에게 건네받는다. 비록 깨진 상태지만 뿔나팔은 드래곤글라스 더미와 함께 묻혀 있었다. 물론 그저 낡은 전쟁용 뿔나팔일 수도 있다. 그러나 만약 정말로 겨울의 뿔나팔이라면? 그렇다면 발리리안 강철검과 함께 강력한 힘을 발휘할 수도 있을 거다. 얼음과 불의 전쟁에서 샘이 매우 중요한 역할을 맡을 수도 있는 것이다. 막강한 전투력 따위는 장착하지 않았다 해도.

스킨체인저: 유체이탈 경험

우리 몸의 속박을 모두 벗어던지고, 아무 힘도 들이지 않고 유유히 푸른 하늘을 날아다니거나, 선선한 숲속을 뛰어다니는 건 아마 모두의 꿈일 것이다. 특히 아주 숙취가 심한 날에는 더욱더. 그렇다면 정말 유체이탈 경험이 가능할까? 정신이 우리 몸을 떠나도 주변 환경을 인지하는 게 가능할까? 나 자신의 종착점과 나머지 세상의 시작점을 정말로 알 수 있을까? 또, 이 경험을 자유자재로 이용할 수도 있을까?

〈왕좌의 게임〉 세상에서는 '스킨체인징skinchanging' 혹은 '워깅warging'이라는 비밀의 힘이 존재하며, 선택된 소수만 그 힘을 발휘할 수 있다. 이 능력은 자신의 몸의 속박에서 벗어나 다른 동물의 안에 들어가 조종하는 능력이다. 그 동물이 보고 냄새 맡고 세상을 느끼는 것을 그대로 느끼는 것이다. 이 능력을 활용하는 사람을 '워그wargs'라고 부른다. 사실 엄밀히 말해서 워깅은 (적어도 소설 속 세계에서) 개나 늑대의 안에 들어가는 능력을 말하는데, 스킨체인징의 초보 단계이다. 다만 스킨체인징은 매우 복잡한 기술이어서, 대부분은 워깅 이상으로 발전하기 힘들다.

워그는 어떤 살아 있는 동물과도 스킨체인징을 할 수 있다. 하지만 그 대상이 되는 동물을 섣불리 정하기보다는 선택에 공을 들여야 한다. 야인 스킨체인저인 하곤Haggon은 스킨체인징에 대한 기본적인 충고를 늘어놓은 바 있다. 예를 들어, 새들은 스킨제인징의 대상으로 피하는 게 좋다. 왜냐하면 비행의 감각에 위험하리만큼 취할 수가 있기 때문이다. 나는 것을 멈추고 싶지 않아서, 계속해서 새가 되고 싶을지도 모르니까(그러면 나도 모르는 새 둥지 담보 대출을 갚느라 허리가 휘고, 새끼들을 좋은 동네의 학교에 보내려고 노력하게 될지도 모를 일이다. 좋은 시절은 다 간 거다). 또한 개나 늑대와 좋은 유대감을 쌓아 두는 건, 신뢰를 바탕으로 한 워깅을 하는 데 도움이 된다. 시간이 흐름에 따라 점점 더 확신에 차게 되는 것이다. 하지만 고양이들은 워깅을 할 대상이 아니므로 피하는 것이 좋다고 한다.

아울러 하곤에 따르면 워깅에는 행동 규칙이 있다. 우선 다른 동물의 몸에 들어가 있을 때는 인육을 먹는 것이 금기시 된다. 또한 교미 중인 동물의 몸에 들어가는 건 민망한 시나리오가 될 테니, 피하는 게 좋다. 한편, 워깅에서 가장 범죄 취급을 받는 것은 다른 사람에 들어가 마음을 컨트롤하려 하는 것이다. 이는 특히 화이트 워커들이 죽은 망령들의 군대를 일으켜서 컨트롤하는 모양새와 섬뜩하리만큼 비슷하기 때문이다.

호도가 브랜에게 워깅을 당했을 때, 꽤나 두려운 장면이 연출된 바 있다. 호도는 워깅을 피하기 위해 자신 안으로 숨으려고 했다. 브랜은 정말로 뛰어난 워그이지만, 호도에게 워깅을 한 것은 도덕적으로 좀 의심이 가는 부분이 있다.

조지 마틴은 모든 스타크 가의 자손들이 워그로서의 능력을 가지며, 이는 유전자에 의한 것이라고 언급했다. 스타크 가의 막내뻘인 브랜은 제이미 라니스터에 의해 탑에서 떨어지면서 몸을 움직일 수 없게 되자 워그 능력이 발달하기 시작했다. 브랜은 이내 자신의 능력이 매우 소중하지만, 문제도 동반함을 깨달았다. 한편, 얼음과 불의 왕국에서 마법이 사라져간 이후로 워그들은 많이 태어나지 않았다. 약 1000명 중 1명의 어린이만이 이 능력을 갖고 태어나는 것이다. 하지만 북쪽 왕국의 평민들 사이에서는 워그의 능력을 가졌다고 의심되는 아이는 버려져서 결국 죽는다고 한다.

반면, 장벽의 북쪽에 사는 자유민들은 워그로서의 능력을 높게 산다. 그러나 야인들도 워그와 어느 정도의 거리는 둔다고 한다. 스타크 가의 유모인 난 할멈Old Nan이 브랜에게 잠들기 전 무서운 얘기를 들려줄 때 이런 말을 하지 않았는가. "사람이 짐승의 탈을 쓴 건지, 짐승이 사람의 탈을 쓴 건지 어떻게 알겠느냐."

다른 동물이나 사람의 몸 안으로 들어가는 여행을 한다는 건, 우리의 세상에서는 비교할 대상이 전혀 없는 것처럼 보인다. 그러나 사실은 매년 수백 명의 사람들이 '유체이탈 경험'을 한다는 보고가 있다. 유체이탈은 대개 자신의 몸 밖에서 둥둥 떠 있는 느낌을 동반한다고 한다. 몸의 밖에서 자신의 몸을 관찰하는 기분이라는 것이다. 물론 유체이탈은 다른 사람이나 동물의 몸으로 들어가는 건 아니다. 그러나 어떤 유체이탈 경험에서는 사람들이 자신의 몸을 떠나서 다른 장소, 심지어 다른 '차원'을 방문한다는 보고도 있다. 그런 후 자신의 몸으로 복귀하는 것이다. 일반적으로 유체이탈은 매우 긍정적인 경험이라고 한다. 심지어 정기적으로 유체이탈을 하는 사람은 이를 컨트롤하는 법까지 익힌다. 적절한 유체이탈 상태에 도달하도록 적극적인 노력까지 한다는 것이다. 워킹과 마찬가지로 유체이탈은 이를 경험하는 이에게 자유와 무한한 가능성을 만끽하게 해 준다고 한다.

유체이탈에 대한 연구는 많이 이루어져 왔고, 몇몇 흥미로운 결과도 보고된 바 있다. 마음만 먹으면 몸에서 빠져나와 유체이탈이 가능하다는 주장도 있었다. 그러나 실험 환경에서 특정 정보를 떠올림으로써 이 능력을 '증명'해 보인 사람은 아무도 없다고 한다. 예를 들어, 높은 선반 위에 올려 논 물건이 땅에서는 보이지 않는 경우, 유체이탈로 이 물건을 본 기억이 있는 사람은 없었다. 방안에서는 보이지 않는, 바깥의 창문 아래 벽에 붙인 선반에 올려놓은 물건도 마찬가지였다. 심리학자들은 아직까지는 유체이탈의 가능성 정도만 실험실 내에서 인정하고 있다.

〈왕좌의 게임〉 속 워깅과 비슷하게 상대와 몸을 교환하는 '바디 스와핑body swapping'은 어떨까? 발레리아 페트코바Valeria I. Petkova와 헨릭 에르손H. Henrik Ehrsson 이 두 연구자는 이 판타지 소설 혹은 할리우드 코미디에나 나올법한 내용을 엄연한 과학연구로 옮겨 놓았다. 거울과 마네킹, 그리고 가상현실용 헤드폰을 이용해서 말이다.

2008년에 펴낸 "내가 당신이라면: 바디 스와핑의 지각적 착각"이라는 제목의 논문에서 페트코바와 에르손은 우리 몸과 주위 공간에 대한 우리의 지각이 얼마나 불안정한 것인지에 대한 질문을 던졌다. 갑자기 내가 타인의 육체에 들어간 것 같은 상상적 수수께끼에 대해 연구함으로써 말이다.

우선, 왜 우리는 우리가 우리의 몸에 들어가 있다는 생각을 할까? 이를 볼 수 있기 때문이 아닐까? 그러나 만약 내려다보니 다른 이의 몸이 보였다면? 우리가 익숙했던 것과는 전혀 다른 몸이 보인다면 어떨까? 그 낯설고 새로운 몸을 만지고, 또 그 몸이 남에 의해 만져지는 걸 느낀다면? 그다음은 어떻게 될까? 신경학적 연구를 통해 뇌의 전두엽, 두정엽, 측두엽에 손상을 입으면 '내 몸 밖으로 나온 듯한' 느낌을 받는다고 한다. 또한 자신의 팔을 자기 것으로 인식하지 못하게 하는 질병들도 있다는 보고도 있다.

이런 경험들을 둘러싸고 있는 과정들을 더 잘 이해하기 위해, 페트코바와 에르손은 실험참가자들에게 그들이 받는 시각 정보를 그대로 중계하는 가상현실용 헤드폰을 주었다. 그리고 모든 면에서 '신체가 바뀌었다'는 착각을 뇌가 받아들이도록, 참가자들이 마네킹을 보는 동안 그들의 상반신에 접촉을 가했다. 동시에 참가자들이 신체가 바뀐 대상이라 착각한 마네킹에도 같은 방법으로 접촉이 가해졌고 말이다.

이러한 방식으로 페트코바와 에르손은 성별을 넘나드는 바디 스와핑이 이뤄졌다는 착각을 일으키는 데도 성공했다. 마네킹이 남성의 모습을 하고 있어도, 여성 참가자들은 자신들이 여전히 '그 남자의 몸'에 들어와 있다고 느낀 것이다. 한편, 마네킹에게 특정한 위협이 가해졌을 때도 참가자들은 상당한 생리적 반응을 보였다. 또한 연구자들은 참가자들에게 자신이 연구자 둘 중 한 명이라고 느껴서 그들 자신과 악수를 한다고 착각하게 하는 데도 성공했다. 에르손은 이런 착각이 매우 신빙성이 있다고 주장한다. "제가 처음으로 페트코바와 바디 스와핑이 이뤄졌다고 착각했던 때가 생각나네요. 거의 비명을 지르다시피 했어요. 너무나 초현실적이고 충격적인 경험이었거든요. 다른 사람의 몸을 빌려서 나 자신과 악수를 하고 있다는 게 말이죠."

이들의 논문은 이러한 바디 스와핑의 유희적인 면에 집중하면서, '근본적으로 왜 우리는 계속해서 우리 몸 안에 있는 듯한 경험을 하는가'에 대한 질문에 답을 한다. 이는 수백 년 동안이나 심리학자들과 철학자들의 마음을 사로잡은 질문이었다.

워깅은 자신의 신체 속 내면의 벽으로부터 완전한 자유를 느끼게 하는 기술이다. 한편, 위와 같은 실험은 부동不動의 물체가 우리 신체의 일부분이라고 느끼도록 우리가 스스로를 속일 수 있다는 사실을 증명한다. 또, 우리가 우리의 신체를 자각하지 못하도록 속임을 당하는 게 얼마나 쉬운지도 보여준다. 다시 말해 우리의 뇌는 우리 자신에 대한 인식을 '내면으로부터' 구성한다는 사실을 드러내는 것이다.

세상은 겉으로 보이는 모습으로 사람들을 분류하는 경향이 있다. 하지만 이런 실험은 우리가 우리의 신체를 보는 관점이 스스로도 인정할 만큼 한계를 지닐 수 있음을 보여준다. 타인이 우리의 신체와 신체적 능력의 한계를 정하는 데서 벗어난, 새로운 유동적인 관점의 가능성을 시사하는 것이다. 만약 미래에 실험에 쓰인 기술이 오락용으로 개발된다면, 우리도 워그들이 겪는 딜레마에 봉착할지도 모른다. 유체이탈의 경험은 너무나 짜릿하지만, 너무 오래 즐기지 않아야 우리 몸으로 다시 복구가 가능하다는 점 말이다.

가짜 손으로 실험하기:

마음이 어떻게 몸을 떠나는가에 대한 과학적 근거 엿보기

이 실험을 위해 필요한 준비물:

탁자 한 개

고무로 만든 가짜 손 한 개(혹은 바람을 불어넣은 고무장갑 한쪽. 자신의 살색과 비슷한 색이면 이상적이다.)

큰 책 한 권

목욕 타월 한 개

두 개의 중간 사이즈 페인트 붓(선택적)

망치 한 개

친구 한 명

내 손이 더 이상 내 손이 아닌 것 같은 기분을 느껴보고 싶은가? 완전히 다른 손을 가진 듯한 느낌으로 약간의 유체이탈 기분을 즐겨보는 건 어떨까? 지금부터 조금이나마 워그가 된 듯한 착각에 빠져보도록 하자.

만약 가짜 손이 없어서 구매하고 싶다면, 구매를 후회하지 않을 거다. 가짜 손은 온라인에서 꽤 싸게 구매가 가능하다. 약간 무섭기는 하지만 '부드러운 연습용 손'이라는 이름으로 목록을 찾을 수 있다(개인적으로 찾아본 바로는 네일아트를 연습하는 사람들을 위한 것이었다). 일전에는 런던의 트렌디한 소호 거리의 가게를 지나갈 때, 팔뚝 모양이 갖춰진 여러 가지 가짜 손들이 가게 윈도우에 전시되고 있는 걸 봤다. 물론 전혀 다른 용도의 물건들이었지만.

어쨌든 시작해 보자.

우선, 탁자에 편안한 상태로 앉는다. 양쪽 손을 탁자 위에 손등이 보이도록 올려놓고 팔의 긴장을 풀어 보자. 오른손을 왼쪽으로 약 20센티미터 옮겨 본다. 친구에게 가짜 손을 당신의 오른손이 놓여 있던 자리에 놓아 달라고 부탁한다(만약 가짜 손이 왼손 모양이라면, 대신 이를 오른쪽으로 20센티미터 옮기면 된다). 오른손과 가짜 오른손 사이에 큰 책 한 권을 수직으로 세운다. 그런 후 가짜 오른손과 몸의 상반신 사이의 틈을 줄이기 위해 타월을 오른쪽 어깨 위에 마치 옷소매처럼 두른다. 이 상태에서 한번 내려다보라. 가짜 오른손이 자신의 손처럼 보이는가? 진짜 오른손은 숨겨져 있는 상태인가? 만약 그렇다면 제대로 된 거다.

이제, 친구에게 마주보고 앉아 달라고 청하자. 그리고 당신의 진짜 손과 가짜 손을 동시에 부드럽게 만져 달라고 한다. 손가락으로 만지거나, 손가락으로 만지는 게 너무 껄끄럽다고 생각되면 두 개의 똑같은 페인트 붓을 사용한다(물론 상대방에게 관심이 있고, 상대방도 당신에게 관심이 있다면, 둘 사이의 장벽을 허무는 좋은 기회가 될 것이다. 나중에 손주들이 생기면 들려줄 좋은 얘깃거리가 되지 않겠는가. 평생 가짜 손을 추억으로 소중히 간직했다가 손주들을 쫓아다니며 놀리는 데 쓰는 것도 재미있고 말이다).

어쨌든 다시 실험에 집중해 보자. 이때 친구는 가짜 손과 진짜 손을 완전히 똑같은 방식으로 만져야 한다. 예를 들어 진짜 손의 손가락을 하나하나 만진다면, 가짜 손에도 똑같이 해야 한다. 이제, 긴장이 적절히 풀린 상태라면, 가짜 손에 신경을 집중해 보자.

그러면 몇 분 뒤에 꽤 신기한 일이 벌어진다. 손이 만져지는 느낌이 들지만, 왼쪽의 책 뒤에 숨어있는 진짜 손이 아니라 눈앞의 가짜 손이 만져지는 느낌이 드는 것이다. 약간 이상하고 마비된 듯한 느낌이 들 거다. 하지만 여전히 가짜 손이 만져지는 느낌이다. 이때 체온을 정확하게 잴 수 있다면, 숨겨진 진짜 손의 온도는 전체 체온에 비해 살짝 내려갔음을 알 수 있다. 이는 뇌가 가짜 손을 진짜 손으로 인식함에 따라, 진짜 손으로 가던 혈액 공급의 방향이 바뀌는 효과가 있기 때문이다. 만약 눈을 감고 실험에 쓰이지 않은 손으로 다른 쪽 손이 어디 있는지를 가리켜 보면, 가짜 손 방향을 가리키는 걸 알 수 있을 거다.

이제 고무로 만든 가짜 손이 자신의 살처럼 느껴지는 착각을 경험했다면, 친구에게 망치를 가져와 달라고 부탁한다. 그리고 친구에게 타이밍에 대한 판단을 맡기고 가짜 손을 세게 내리쳐 달라고 한다. 어디까지나 진짜 손이 아닌 가짜 손이다. 다시 한 번 강조하는 바이다(이 실험이 끝나고도 우정이 계속 이어지길 바란다면 정말 중요한 문제다).

망치가 가짜 손에 다가오는 걸 보는 것만으로도 몸이 움찔하는 반응이 올 거다. 망치가 가짜 손을 내리치면 아마 벌떡 일어나게 될지도 모른다. 그러나 정말로 자신의 손이 아니란 것을 잊지 마라. 이쯤에서 아마 착각은 멈추게 될 거다. 망치로 가짜 손을 내리친 데서 오는 신체적 반응이 온몸을 살짝 긴장하게 하고, 그 긴장 때문에 숨겨진 진짜 손에 정신이 집중되기 때문이다.

이 모두가 상당히 강력한 착각이 아닐 수 없다. 그리고 약간은 당황스럽기까지 하다. 거짓 감각 피드백을 만들어 냄으로써 쉽게 우리 뇌를 속일 수 있다는 사실이 말이다. 이러한 착각은 단지 몇 분 안에 평소에 갖던 자신의 신체 이미지를 어그러뜨린다. '내가 내 몸 안에 있다'는 감각까지도 말이다. 우리의 뇌는 가짜 손이 만져지는 것을 보고, 실제로 손이 만져진다고 느끼며, '나 자신의 존재'를 그 정보를 바탕으로 구성하는 것이다.

이 모든 게 '신경가소성neuroplasticity'의 증거가 될지 모른다. 신경가소성이란 새로운 경험에 의해 뇌가 상당히 급진적으로 변화할 수 있다는 주장이다.

가짜 손 실험은 재미있기도 하지만, 실은 뇌 과학자인 빌라야누르 라마찬드란Vilayanur S. Ramachandran의 선구적인 뇌 연구와 매우 깊은 연관성을 갖는다. 라마찬드란은 널리 알려져 있지만 이해된 바는 적은 '환상지phantom limb'에 대한 연구를 하길 원했다. 사람이 팔이나 다리, 혹은 손을 잃으면(일명 킹슬레이어kingslayer인 제이미 라니스터 경처럼) 많은 경우, 일상의 삶으로 돌아오기까지 오랜 시간과 인내가 필요하다. 하지만 이러한 적응 기간은 이미 신체에서 사라진 '환상지'에 엄청난 고통을 계속해서 느낀다는 환자들의 호소에 따라 더욱 힘들어질 수 있다.

라마찬드란은 이러한 상황이 뇌의 혼란 때문이라고 주장했다. 뇌에서는 절단된 몸의 부위에 계속해서 움직이라는 신호를 보내지만, 몸이 움직이는 걸 확인하는 시각적 피드백은 주어지지 않기 때문이다. 가짜 손 실험에서 알 수 있듯이, 우리가 보는 것과 느끼는 것 사이에는 강력한 연관성이 있으니 말이다.

라마찬드란은 팔이 절단된 사람들을 위한 실험을 고안했다. 우선, 그는 연구팀과 함께 거울이 달린 커다란 박스를 만들었다. 이 상자 안에 팔이 절단된 참가자가 들어가 서면, 남아있는 팔이 거울 속에 비쳐 마치 절단된 팔이 다시 복구된 것 같은 착각이 들게 했다. 그러고 나서 참가자들은 여러 행동을 하도록 지시받았다. 예를 들어 양손의 주먹을 꽉 쥐어 보라든가, 두 손을 흔들어 보라든가 하는 것이었다. 또 거울 속의 팔을 보면서 남아있는 온전한 팔을 움직여 보라고도 했다. 이러면 절단된 팔이 마치 움직이는 것 같은 착각이 든다. 이렇게 지시에 따라 팔을 움직이면 뇌가 그 움직이는 모습을 인식할 수 있는 것이다. 대부분의 참가자들이 이로써 환각지의 고통이 줄어드는 경험을 했다고 한다. 심지어 개인용 거울 상자를 원할 정도로 말이다. 착각으로 현실의 고통도 줄일 수 있다는 점을 시사하는 셈이다.

아리아의 복수: 복수는 차갑게

아마 많은 이들이 밤에 잠들기 전 머릿속으로 앞으로 할 일에 대한 목록을 떠올리곤 할 거다. 필자의 목록에는 '정강이에 로션을 바를 것', '동물 모양으로 된 양초를 그만 살 것' 등이 올라와 있다. 아마 독자 여러분들의 목록은 당연히 이와 다를 것이다. 어쨌든 우리 모두는 미처 끝내지 못한 일들이 하루의 끝에서 밀려오는 기분이 어떤지 잘 안다. 아리아 스타크가 잠들기 전 마치 기도처럼 끊임없이 되뇌는 건 다름 아닌 가족과 친구들을 죽이고 괴롭힌 사람들의 명단이다. 우리는 아리아가 숙녀가 되기를 거부하는, 싸움과 화살 쏘기를 좋아하는 아홉 살짜리 말괄량이에서 싸늘한 암살자로 변하는 과정을 지켜봤다. 슬픔과 분노, 증오로 가득 찬 암살자로.

소설 속 인물의 정신 상태를 감정한다는 건 힘든 일이기는 하지만, 어쨌든 아리아는 자신의 아버지가 처형당하는 장면을 목격하고, 또 사랑하는 이들을 여러 번 잃은 후 외상 후 스트레스 장애를 앓는 듯하다. 게다가 마치 실존 인물처럼 복수하는 판타지로서 자신의 무력함과 분노를 이기려고 하는 것이다. 결국 아리아는 전문 암살자로 훈련받는 길을 택한다. 이제 갓 십대가 되었을 뿐인데 말이다. 얼핏 보기에 상당히 충격적인 상황이다. 그럼에도 아리아는 〈왕좌의 게임〉에서 가장 사랑받는 인물 중 한 명임엔 변함이 없다.

아리아는 필사적으로 자신이 속할 곳과 같이 지낼 사람들을 찾아 헤맨다. 늑대가 스타크 가문의 상징인 만큼, 그녀는 사람들을 자신의 '무리'로 여긴다. 아버지인 에다드가 자신에게 했던 말을 기억하는 것이다. "너무 독립적으로 굴지 말거라. 겨울이 오면 혼자인 늑대는 죽지만, 늑대 무리는 살아남는 법이거든." 그리고 우리 모두는 아리아가 정말 좋은 사람들과 정착하고 안전하길 바라 마지않는다(〈왕좌의 게임〉 시리즈 초창기에 필자는 "아리아는 죽으면 안 돼, 다이어 울프는 죽으면 안 돼" 하고 어떤 위험이나 공포가 닥칠 때마다 주문처럼 외우곤 했었다. 마치 아리아의 살상노트 반대 버전 같지 않은가).

아리아는 '귀족 아가씨'로서의 자신의 실제 신분을 안전하게 숨기고 여러 모습으로 변장을 하고 지낸다. 그녀는 소시민들 사이에 몸을 숨기고 음식 나르기와 구걸도 서슴지 않는다. 점점 더 강한 전사가 되어가는 동안 말이다. 그리고 '얼굴 없는 자들Faceless Men'과 함께 암살자가 되기 위한 훈련에 돌입한다. 그렇게 복수에 혈안이 돼 있는 동안 잠시 시력을 잃기까지 한다. 간디의 명언이 떠오르지 않는가. "'눈에는 눈' 방식은 전 세계를 장님으로 만든다."

얼굴 없는 자들과 다면신多面神을 섬기면서 아리아는 자신의 가문, 심지어 이름까지도 잠시 잊어둬야 했다. '아무도 아닌 자'가 되기로 한 거다. 그러기 위해 자신의 정체성도 모두 버려야 했다. 그럼에도 그녀가 자신의 정체성에서 버리지 못한 부분이 있었다. 바로 살생 목록과 작은 검인 '니들Needle'이었다. 이 둘에 아리아는 맹렬하게 집착한 것이다.

아리아는 냉혹한 암살자가 되기 위해 얼굴 없는 자들과 훈련하러 '흑과 백의 집House of Black and White'에 도착한다(〈왕좌의 게임〉 속 배경처럼 잔인한 세상에서는 아마 웨스터로스의 어떤 진로 상담가라도 암살자를 권했을 거다). 그 후 얼마 되지 않아, 아리아는 살생 목록에서 이름 하나를 지울 기회를 얻는다.

바로 하운드라 불리는 산도르 클레게인이었다. 하운드는 오랫동안 조프리와 라니스터 가를 섬겨 왔다. 또, 그들의 지시 아래 아리아의 친구인 미카Myca를 한순간의 주저 없이 살해해 버렸다. 그리하여 하운드는 아리아의 목록에 자리매김 하게 된 거다. 그러던 중, 하운드는 도망 중인 아리아를 사로잡는다. 그는 아리아를 스타크 가에 돌려줌으로써 몸값을 두둑이 챙길 계획이었다. 하지만 그게 여의치 않게 되자 둘은 엉겁결에 칠왕국을 두루 같이 다니게 된다. 아리아는 하운드에게 자신이 그를 죽일 거라며 그를 얼마나 증오하는지를 털어놨다. 그러나 어쨌든 아리아는 그를 죽이지 못한다. 오히려 둘 사이에는 예기치 못한 존중이 싹튼다. 마치 동족에게서 느끼는 애정 같은 감정이랄까. 결국 아리아는 자신의 살생 판타지 중 하나를 포기하기로 마음먹는다. 무엇 때문일까? 연민? 동지애? 아니면 외로움?

뇌 영상 스캔은 과학자들로 하여금 '왜 사람들이 복수를 통해 큰 쾌감을 느끼는가'를 밝히는 데 도움을 주었다. 오스트리아의 실험경제학 연구 교수인 에른스트 페르Ernst Fehr 교수는 '양전자방출 단층 촬영술PET'을 이용해 뇌의 배후 선조체dorsal striatum라는 부위의 활성화 양상을 연구했다. 배후 선조체는 즐거움과 만족을 인식하는 부위이다. 페르는 피험자들에게 돈을 교환하는 게임에 참여하게 한 뒤, 감정적인 역동성을 관찰했다. 한 참가자가 이기적인 결정을 내리면, 다른 참가자가 이를 벌할 수 있도록 규칙을 정했다. 대다수의 참가자가 그런 상황에서 벌을 주었다. 그리고 벌을 주기로 마음먹은 정도에 따라 배후 선조체 부위의 활성화가 다르게 나타났다. 몇몇 경우에서는 참가자가 자신의 돈을 잃어가면서까지 이기적인 다른 참가자를 벌주기를 원했다. 그러한 참가자들의 경우 배후 선조체가 가장 크게 활성화되는 것으로 드러났다. 잘못을 바로잡는 것에 대한 만족감이 매우 크기 때문이었다.

그렇다면 복수를 할 수 없는 상황이라면 어떨까? 복수에 대한 판타지가 어려움을 견디는 건강한 기제가 될 수 있을까? 복수 판타지가 과거의 외상에 대한 통제감을 되찾게 해 줄까? 아니면 오히려 더 부정적인 심리 상태에 빠지게 만들까? 복수 판타지에 대한 심리적 영향은 연구가 많이 이뤄지지는 않은 편이다. 그럼에도 소개를 좀 하면, 한 연구에서는 참가자들에게 애너그램Anagram(단어에 철자를 바꾸는 것) 게임에 낮은 점수를 기록한 후 복수심에 불타오르게 유도하기도 했다.

♫ DERRR
DUUURGH
DER DER DUHHH
DER DER DUHH ♫

이제 좀 더 〈왕좌의 게임〉 탐구에 걸맞은 연구를 살펴보기로 하자. 판타지를 통해 복수를 처리하는 것이 '심상 재각본imagery rescripting'이라는 심리 요법의 한 부분이 될 수 있다는 연구가 있다. '심상 재각본'은 '안내된 심상guided imagery'이라고 불리기도 하는데, 심리학자들이 우울증이나 외상후 스트레스 장애를 앓는 환자들을 돕기 위해 사용하는 방법이다. 즉, 과거에 있었던 힘든 장면들을 재현하거나 다시 떠올림으로써 그 의미를 새롭게 하는 것이다. 이때 환자는 개인적으로 의미 있었던 과거의 일을 생생히 떠올리거나, 이에 대한 시나리오를 짜도록 요청받는다. 이를테면 어린 시절 어떤 어른에게 비웃음을 샀던 일 등이다. 이제, 환자는 그 어른과 함께 과거의 장면을 재현하면서, 어린 시절의 자신을 위한 항변을 한다. 그렇게 해서 결과를 시정해 보는 것이다. 어떤 환자들에게는 이러한 가상의 중재가 가해자에 대해 언어적 심판을 하는 것으로 마무리된다. 또, 어떤 환자들은 과거의 '나쁜 어른'에 대한 공격성(마치 아리아의 경우처럼)의 표출로 드러나게 되는 것이다.

심리학자들은 이러한 요법이 내포하는 바에 대해 궁리를 해 보았다. '복수 판타지'가 건전한 방법일까? 아니면 훨씬 더 부정적인 후폭

풍에 대한 전조가 될 뿐일까?

《행동치료 및 실험정신의학 저널》에 실린 한 연구는 폭력 행위에 대한 전적이 없는 정신이 건강한 참가자들이 외상에 대해 느끼는 심리학적 영향을 살펴보았다. 논문의 저자는 참가자들에게 여러 주인공들이 신체적, 감정적, 성적 학대를 당하는 할리우드 영화 동영상을 5분간 보여 줌으로써 외상의 효과를 재현해 보았다. 참가자들은 동영상 시청이 끝난 후, 세 조로 나뉘어 각각 다른 심리 요법을 경험했다. 첫 번째 조는 방금 본 동영상 장면을 떠올리며 가해자에 폭력적인 복수를 하는 상상을 했다. 두 번째 조는 동영상 장면에 대해 비폭력적인 방법의 중재를 상상했다. 그리고 마지막 세 번째 조는 피해자를 아름다운 해변 같은 멋지고 안전한 장소로 마법처럼 옮겨 놓는다는 상상을 했다.

이 세 방법 중 어떤 방법이 참가자들의 마음을 가장 편하게 했을까?

실험 다음 날, 세 조의 참가자들 모두가 여전히 분노와 슬픔을 느끼고 있었다. 그러나 폭력적인 복수를 하는 상상을 한 참가자들의 폭력적 감정 성향은 언어적 복수에 그친 다른 참가자들에 비해 더 강하지 않았다. 또한 첫 번째 조의 참가자들이 다른 두 조의 참가자들에 비해 가장 강렬한 쾌감을 느끼긴 했지만, 가장 행복한 상태였던 건 아무런 복수의 행동이나 말 없이 동영상 속 피해자를 안전한 곳에 옮겨

놓은 상상을 한 세 번째 조 참가자들이었다.

이 연구 결과는 상당히 흥미롭다. 물론 상상 속 부당함에 대한 상상 속 복수이기에 결론을 단정 짓기가 쉽지는 않지만 말이다. 연구 결과에 따르면 복수 판타지는 이로울 수도 있으며, 최소한 파괴적이지는 않다는 것이다. 그러니, 심리학자들이 누군가가 아리아와 같은 복수의 길을 걸을까 봐 미리 겁먹을 필요는 없는 거다. '피해자들을 구해서 안전한 바닷가로 옮겨놓는 장치'가 개발되기 전까지, 복수 판타지를 부정적으로 볼 일만은 아니다. 물론 아리아가 빨리 자신의 무리에 정착하는 날이 오기를 바라는 것도 잊지 말아야겠지만.

제 5 장

작고 위대한, 그리고 차가운 생물들

못된 늑대

얼음과 불의 세계는 점점 개판, 아니 늑대판이 되어간다. 더 정확히 말하면 다이어 울프판이랄까. 캐슬 블랙Castle Black의 북쪽, 장벽 너머로 가면 사방이 다이어 울프판이다. 더 무서운 건 이 맹렬한 동물이 작은 말 사이즈라는 거다. 맘만 먹으면 사람의 팔을 짓이기거나, 피범벅이 되어 죽어갈 때까지 물어뜯을 수도 있다. 물론 좋은 소식도 있다. 다이어 울프는 '영원한 겨울의 땅' 북쪽 끝에만 서식한다는 점이다. 테온 그레이조이가 말했듯, 다이어 울프는 수백 년 동안 장벽의 남쪽에서는 눈에 띈 적이 없다.

그러나 스타크 가의 아이들(산사Sansa와 브랜, 롭과 아리아, 릭콘Rickon과

존 스노우)은 우연히 어미 잃은 다이어 울프 새끼 한 무리를 발견한다. 그리고 필사적으로 이 새끼들을 기르고 싶어 한다. 죽음의 맹수들이 새끼 때 침 흘리며 가냘프게 우는 귀여운 모습을 본 모든 아이들이 그러하듯이. 아버지인 에다드는 애완동물 가게를 함께 가는 여느 부모가 그러듯 다음과 같은 설교를 늘어놓았다. "좋다. 하지만 만약 비가 오는 날이라도 꼭 산책을 시켜야 한다." 북쪽에는 비도 많이 오는데도 말이다. 그러나 에다드는 현명한 결정을 내리기로 유명한 사람이다. 이 결정도 그의 최고의 결정 중 하나가 된다.

다이어 울프('카니스 디루스canis dirus'라고도 하는데, 라틴어로 '무서운 개'라는 뜻이다)는 안타깝게도 오늘날에는 멸종해 사라졌지만, 한때 실존했으며 24만 년~1만 년 전 아메리카 대륙의 초원과 숲속을 어슬렁거리던 동물이었다. 캘리포니아에 펼쳐진 타르갱tar pit에서 3,000개라는 엄청난 개수의 다이어 울프 화석이 발견된 게 그 증거이다. 타르 갱은 실은 까맣고 끈적끈적한 천연 아스팔트 웅덩이로, 지구 표면의 틈을 따라 원유가 지구 깊숙한 곳으로부터 스며들며 만들어진 것이다. 마지막 빙하시대에는 이러한 거대한 타르 갱 수백 개가 마치 파리잡이 끈끈이처럼 작동해서 그 위를 지나던 운 나쁜 생물들을 재빨리 꼼짝 못하게 만들곤 했다.

그럼 과거 시대로 시간을 돌려 타르 갱이 작동하는 장면을 한번 살펴보자. 털이 복슬복슬한 매머드 한 마리가 오후 산책을 나섰다고 가정하자. 타르 층 위에 물웅덩이가 있는 걸 본 거대한 매머드는 저도 모르는 사이 갱에 발을 디딘다. 그러고는 자신의 복슬복슬한 다리가 천천히, 하지만 거침없이 검은 액체 덩어리 속으로 빠져드는 걸 보고 흠칫 놀란다. 이제 공포에 질린 매머드는 코와 뿔을 고통스럽게 치켜든다. 이때, 가까이 있던 다이어 울프 한 마리가 쉬운 먹잇감을 감지하고, 도움을 청하는 울음소리를 듣고 달려온다. 일순간 후, 두 동물은 동시에 타르 웅덩이에 갇혀 옴짝달싹 못 하게 된다. 요즘의 연구원들이 '함정 이벤트'라 칭할 만한 상황에 억울한 참가자 두 마리가 빠져버린 셈이다. 시간은 점점 지나고 두 동물은 서로의 존재를 이상하게 편하게 느끼기 시작한다. 하지만 결국 영양실조와 권태라는 막강한 조합에 의해 천천히 죽어가는 거다.

지질학자들 덕에 우리는 이제 다이어 울프가 오늘날의 회색 늑대grey wolf와 비슷한 크기임을 안다. 물론 다이어 울프가 더 몸집이 크고 근육량이 약 25퍼센트 더 많을 정도로 근육질이긴 하다. 또 다리도 더 짧다(그래서 아마 먼 거리를 다니는 데 더 오래 걸렸을 거다). 만약 다이어 울프에게 잡혀서 운 나쁘게도 입속에 갇히게 된다면? 아마 무서운 교합력를 느끼게 될지도 모른다. 다이어 울프는 회색 늑대의 약 129퍼센트에 달하는 교합력으로 먹이를 와구와구 씹어 댈 테니까(물론 회색 늑대도 살짝 깨물기만 하는 수준은 아니다).

타르 갱에서 발견된 화석 유물은 또한 다이어 울프들이 거대하게 무리를 지어서 살았음을 보여준다. 이들은 함께 커다란 먹잇감을 잡아먹곤 했다. 그러곤 아마 냉담한 표정을 지었을 거다, '아, 내가 이런 짓을 했다니. 그런데 벌써 심심한걸.' 하지만 회색 늑대와는 달리, 이들은 〈왕좌의 게임〉 속 다가오는 겨울의 눈과 얼음을 피하려 했을 것이다. 좀 더 온화한 기후를 좋아하기 때문이다. 가장 최근의 연구에 따르면 다이어 울프는 약 1만 년 전에 모두 멸종했다고 한다. 그 이유는 좀 더 덩치가 작은 동물들과의 먹이 경쟁이 너무 심했기 때문이었다. 특히 코요테는 다이어 울프 무리가 함께 나눠먹는 먹잇감을 몰래 훔쳐 먹는 데 능했다.

이것이 진실이다. 다이어 울프는 실제로 존재했으며, 무서운 맹수였다는 것. 그러나 얼음과 불의 세상에 사는 다이어 울프들과 달리, 실제의 다이어 울프는 전능한 존재는 아니었다. 그래서 결국 강한 조직력을 자랑하는 교활한 코요테 무리에게 지고 만 것이다.

혹시 거인이 아닐까?

신비한 거대 생명체가 얼어붙을 듯한 추위 속 어둠에서 나타나 다리가 긴 창백한 색의 거미를 사냥하러 나온다. 거미는 우리 얼굴보다도 더 크다. 마치 샘웰 탈리의 화이트 워커 악몽에 등장하는 거미 같다. 하지만 이 장면은 실은 소설 속 '영원한 겨울의 땅'의 이야기가 아니다. 우리 세상의 신기하지만 실존하는 북극 거인족 이야기이다.

소설 속 장벽의 북쪽 세상이 웨스터로스 주민들에게 낯설고 신기한 세계이듯이, 우리 세상의 가장 추운 곳인 북극은 우리에게 신비하기만 하다(물론 우리 인간들은 북극에 가 보았고, 우리가 아는 한 북극에 존재하는 이상한 힘을 가진 흰 수염의 사나이는 화이트 워커가 아닌 산타클로스이지만).

19세기 탐험가들이 과학 원정을 위해 북극과 남극에 갔을 때, 이들은 여러모로 간담을 서늘하게 하는 존재를 만났다. 약 1000년 이상 동안 유럽인들은 심해 속 리바이어던(성경 속의 바다괴물)이라 일컫는 고래를 잡으러 북극권을 탐험하고 다녔다. 그러던 중 판타지처럼 보이는 신기한 생물들도 여럿 만났다. 예를 들면 앞서 소개한 나왈narwhal이라 불리는 일각고래가 있다. 나왈은 '바다에 사는 유니콘'으로 불리며, 6피트에 달하는 배배 꼬인 모양의 뿔이 한 개 달려 있다. 그러나 제아무리 냉혹한 (수염에는 반짝이는 고드름이 달리고, 뱃속에는 안쓰러울 정도로 충성스러웠던 썰매견 허스키가 반쯤 소화되고 있는) 빅토리아 시대의 탐험가라 해도 미처 예상치 못했던 장면이 있었다. 바로 저녁용 접시만 한 크기의 바다거미sea spider 한 무리가 배의 갑판 위에 출렁대고 있는 충격적인 장면이었다.

캐리비안해에서 지중해에 이르기까지 전 세계에서 발견된 바다거미의 종류는 천 가지도 넘는다. 바다거미는 대체로 크기가 매우 작은 편인데, 어떤 경우는 지름이 겨우 1밀리미터밖에 되지 않는다. 그러나 남극의 차디찬 물속에서 바다거미는 90센티미터가 넘는 크기로 자라난다. 이런 거인증은 바다거미에만 국한된 것은 아니다. 북극곰은 북극에서만 발견되는데, 이들의 친척뻘인 좀 더 갈색이고, 좀 더 삼림지대에 살 법한 알래스카 불곰에 비해 훨씬 크고 맹렬하다.

왜 그런 걸까?

우선 거대 거미는 북극과 남극에서 물과 공기 속 고농축 산소로부터 이득을 얻을 수 있다. 또한 더 양질의 먹잇감도 가질 수 있다(물론 이 이론들의 진위는 아직도 논의 중이다). 그도 아니면 이 바다거미들은 19세기 독일 생물학자인 카를 베르그만Carl Bergmann이 주장한 '베르그만의 법칙'의 결과물일 수도 있다. 이 법칙은 추운 기후에서는 몸무게가 증가하기에, 작은 크기의 생물들은 더운 지방에서 잘 발견된다는 것이다. 진화를 되돌아보면, 거대 동물들은 지구가 더 추웠을 때 번성했음을 알 수 있다. 지구가 온난화 되어감에 따라 확연히 덩치가 작은 우리의 포유류 선조들이 모습을 드러내기 시작한 거다. 베르그만은 큰 동물은 표면적 대 부피 비율이 낮기 때문에, 몸무게 단위당 체열을 적게 잃는다고 주장했다. 따라서 추운 기온에서도 따뜻하게 지낼 수 있다는 것이다. 높은 기온은 정반대의 문제를 갖는다. 신진대사를 통해 발생한 체열이 몸 안에 축적되기보다는 빨리 발산되어야 하는 것이다.

〈왕좌의 게임〉에서 우리가 만나는 가장 큰 사람들은 물론 장벽 북쪽에 사는 거인족이다. '알려진 세상the Known World(〈왕좌의 게임〉에 나오는 세 대륙, 웨스터로스, 에소스, 소서리오스Sothoryos를 총칭함)'에서 가장 추운 곳에 사는 사람들 말이다. 그런데 북극곰의 거인증이 사람에게도 적용될 수 있을까? 글쎄, 그 답은 '그럴 수도, 아닐 수도 있다'이다. 우리의 북극과 남극에는 눈 더미 속에 숨어 사는 고대 거인족 따위는 없으니까. 오히려, 북극에 가까이 사는 사람들은 키가 작고 다부지며, 무거운 체구를 지녔다. 반대로 적도에 사는 사람들에 비해 말이다. 이는 베르그만의 결론에 들어맞는다. 다부진 체격의 사람이 더운 기후에 사는 팔이 더 긴 사람들에 비해 피부 표면적이 더 적어서, 결국은 중요한 순간에 열 손실이 더 적은 것이다.

인류는 전반적으로 키가 커지고 있다. 제1차 세계대전 이후 인류는 평균 약 10센티미터가 더 커졌다고 한다. 하지만 지구에서 가장 평균 신장이 큰 나라는 특별히 춥지 않은 네덜란드이다. 네덜란드 여성의 평균 키는 168.7센티미터이고, 남성의 평균 키는 184.8센티미터이다. 런던 보건 대학원 연구원 게르트 스털프Gert Stulp는 이런 높은 평균 신장은 자연선택에 기인한다고 말한다. 네덜란드에서는 키가 큰 남성들이 키가 작은 남성들보다 자녀를 많이 갖는 경향이 있다고 한다. 그래서 큰 키를 자녀들에게 유전 특성으로 물려주는 것이다. 이런 자연선택의 현상이 앞으로도 쭉 이어질까? 그래서 플라망어Flemish를 쓰는 거인족이 탄생하는 걸까? 사람들이 바위덩어리 같은 에담Edam(탈지 우유를 압착해 숙성시킨 치즈) 치즈를 먹으면서, 풍차를 사뿐히 건너뛰는 날이 오는 걸까? (물론 네덜란드 사람을 모욕하려는 의도는 없다.)

안타깝게도 그런 일은 없을 듯싶다. 인간 신장에는 한계가 있기 때문이다. 게다가 일정 신장 이상으로 커지면 장점보다는 단점이 훨씬 크다. 그럼에도 불구하고 게르트 스털프는 유럽에서 발견된 네안데르탈인의 화석을 흥미롭게 지적한다.

"우리는 현재의 인류를 역사 기록에 나오는 200년 전 인류와 비교하는 경향이 있어요. 인류의 신장이 훨씬 더 작았을 때와 말입니다. 하지만 초기 구석기 시대의 기록을 한 번 보세요. 약 2만여 년 전인데, 신장이 190센티미터에 달하는 화석들이 있어요. 현재의 인구 대다수보다 훨씬 큰 신장이지요. 따라서 현재의 많은 인구 집단들이 진화론적으로 가능한 신장의 최고점에 도달하지 못했다는 뜻이 될 수 있어요. 물론 그렇게 단언하기는 쉽지 않겠지만요."

한편, 한동안 인기를 얻었던 꽤나 그럴싸한 이론도 있다. 네안데르탈인의 코가 추위 탓에 더 길어졌을 수 있다는 것이다. 그러나 아쉽게도 이는 사실이 아닌 것으로 드러났다.

거인 킬러 아이작 뉴턴 경

웨스터로스의 최북단에 사는 운운Wun Wun과 같은 거인들은 대개 키가 3~3.5미터 정도 된다. 물론 이보다 더 큰 경우도 있긴 하지만. 원작 소설에서 이 거인들은 대개 일반인의 두 배 정도 되는 신장을 갖는다. 심지어 드라마에서는 이보다도 더 크게 묘사된다. 거인들은 어마어마하게 강하며 매머드를 마치 종마처럼 타고 다닌다. 그런데 과연 거인이 현실에 존재할 수 있을까? 아니면 마법에 의해 가능한 존재일까?

거인을 한번 상상해 보자. 간단하게 엄청나게 덩치가 크고, 키도 큰 사람만 생각하면 되지 않을까? 사실 대답은 '아니다'이다. 덩치만 크게 키운다는 것이 현실 세상에서는 있기가 힘들기 때문이다. 수학과 물리학의 법칙이 존재하니까. 이러한 법칙 때문에 사람의 신체 크기가 커지면 몸의 움직임이나 몸무게에 영향이 미치는 것이다.

'제곱-세제곱 법칙'이라는 수학적 원리부터 살펴보기로 하자. 이 법칙은 왜 물체의 크기를 증가시키는 게 생각보다 까다로울 수 있는지를 보여준다. 솔직히 불규칙하고 복잡한 인간의 신체 문제는 잠시 접어두기로 하자. 대신 정육면체의 크기를 두 배로 늘려보기로 하는 거다. 정육면체의 각 모서리 길이를 잰 후, 이를 원래의 두 배 길이로 늘려보자. 그럼 신기한 일이 생길 것이다. 물론 예상대로 정육면체의 크기는 두 배로 늘어난다. 그러나 표면적은 두 배로 늘어나지 않는다. 대신 네 배로 늘어난다. 게다가 정육면체의 부피는 여덟 배로 늘어난다(메모지를 이용해서 정육면체를 직접 만들어 실험해 보라).

이 원리가 살아 있는 생명체에는 어떻게 적용될까? 사실 생명체는 규칙적인 모양을 갖지 않으므로, 과학적으로 접근하기에 무리인 구석이 있다. 게다가 우리가 상상하는 거인은 튼튼하고 쉽게 직립보행을 해야 하지 않겠는가? 여기서 다시 한 번 위대한 아이작 뉴턴 경의 '힘은 질량×가속도($F=ma$)'라고 하는 운동 제2법칙을 고려해 보기로 하자.

인간의 모양을 크게 어그러뜨리지 않은 채 크기를 두 배 늘린다고 생각해 보자. 그러면 근력은 네 배가 될 것이다. 여기까지는 좋다. 하지만 그렇게 늘어난 근력은 몸의 질량을 약 여덟 배로 늘려야 한다. 그러니 크기를 늘린 문제의 인간은 일반 인간의 반 정도만 힘이 있고 반 정도만 민첩할 것이다. 이 거인이 일반적인 신체 크기를 가진 야인 부대와 함께 다니기엔 심장과 폐가 너무 약할 거라는 이야기다.

수학의 법칙에 의해 위대한 거인 프로젝트가 어긋나 버리다니. 하지만 이 문제는 비단 생명체에만 국한되는 건 아니다. 예를 들면 공학에도 적용된다. 증기 기차와 로켓 엔진에 이르기까지, 발명가와 혁신가들은 더 크고 성능 좋은 기계를 만들어 내기 위해 이 제곱-세제곱 법칙과 씨름해야 했으니 말이다. 비슷하게, 마천루를 더 높이 올리지 못하는 데도 이유가 있는 것이다.

뉴턴이 자신의 업적에 대해 한 유명한 겸손의 말을 생각하면, 어쩐지 아이러니하다. "나는 거인의 어깨 위에 올라가 있었기에, 더 멀리 내다볼 수 있었던 것뿐입니다." 그런데 뉴턴의 법칙에 의해 거인이 존재할 수 없음이 증명됐다니, 그에게 새삼 감사해야 될 일이 아닌가.

수학과 드래곤

제곱-세제곱 법칙을 벗어나는 또 다른 존재가 있다. 바로 대니의 드래곤처럼 하늘을 나는 생명체이다. 물론 우리는 이제 드래곤은 마법의 존재임을 안다. 그러나 드래곤이 실제 존재한다면? 아마 드래곤도 금세 난관에 봉착하게 될 거다. 드래곤은 자라면서 주기적으로 두 배씩 몸집이 늘어난다고 하지 않는가. 몸집이 두 배가 될 때마다, 날개의 크기는 네 배가 된다(정말 엄청난 크기의 날개다). 그러니, 드래곤이 하늘로 들어 올려야 하는 몸뚱이의 크기는 거의 여덟 배에 이르는 셈이다. 따라서 드래곤의 들어 올리는 힘은 점점 더 많이 필요한 데 비해, 비행 능력은 절반으로 줄어들 것이다. 결국 모든 드래곤들의 비행이 무척 곤란해질 게 뻔하다. 폭풍의 딸 대너리스, 불타지 않는 자 등등의 긴 이름을 가진 대니를 태우는 건 고사하고 말이다.

자이언츠 코즈웨이(Giant's Causeway)에 얽힌 과학적 비밀

거인들이 장벽을 세우는 데 큰 공헌을(그 큰 손으로) 한 것은 칠왕국 전역에 널리 알려져 있다. 한편, 우리의 세상에도 평균 신장을 훨씬 웃도는 이들이 건축공학에 큰 공헌을 했다는 전설을 가진 건축물이 있다. 바로 자이언츠 코즈웨이('거인의 둑길'이라는 뜻)이다. 자이언츠 코즈웨이는 북 아일랜드의 북동쪽 해안으로부터 스코트랜드 바다 쪽으로 쭉 펼쳐진 둑길이다. 서로 겹쳐져 쌓인 현무암으로 된 육각형 돌기둥 수천 개로 포장된 둑길인 것이다. 신비한 지리학적 운명의 장난인지는 몰라도, 이 숨이 멎을 듯 아름다운 해안 지대가 바로 〈왕좌의 게임〉의 주요 촬영지이기도 하다. 특히 둑길이 자리한 부분은 테온 그레이조이와 그 주변 인물들의 고향인 강철군도의 배경 장면으로 여러 번

모습을 드러낸 바 있다.

어떻게 이런 둑길이 생긴 것일까? 민간전설에 따르면, 아일랜드에는 핀 맥쿨Finn MacCool이라는 거인이 살았다고 한다. 하루는 핀 맥쿨이 스코틀랜드의 거인인 베난도너Benandonner로부터 도전을 받았다. 당시에는 큰돈이 걸린 전문적인 격투기가 없었기 때문에 싸움판의 기획자도 없었던 모양이다. 핀 스스로가 돌덩이로 된 길을 쌓아 올려야 했으니까. 두 거인이 만나 전설적인 슈퍼 헤비급 매치를 치를 수 있도록 말이다. 하지만 적개심에 불타서 순식간에 진행된 다국적 건축 프로젝트는 실패하는 경우가 많은 법이다. 역시나 핀의 프로젝트에도 회의가 밀려들기 시작했다.

핀이 둑길 공사를 막 마치려는 찰나, 건너편 베난도너의 모습이 제대로 눈에 들어온 것이다. 그제야 핀은 자신이 베난도너의 적수가 안 된다는 걸 깨달았다. 나라들을 잇는 육교가 전혀 없던 시대라, 서로 다른 나라에 있었을 때보다 베난도너의 덩치는 훨씬 더 커 보이는 것이었다. 핀의 유일한 선택은 이제 이 스코트랜드 거인을 꾀를 써서 이기는 것뿐이었다. 이때 핀의 아내 우나그Oonagh가 조력자로 등장한다. 우나그는 남편 핀을 마치 아기처럼 차려 입히고 요람에 얌전히 눕혔다고 한다(이게 맥쿨 부부 결혼 생활의 일상이었는지는 모르지만). 이윽고 베난도너는 이 헐크 같은 아기의 모습을 보게 됐다. 아기의 모습을 본 그는 그렇게나 큰 아기를 낳은 맥핀이 얼마나 무서운 거인일까 싶어서 겁을 잔뜩 집어먹어 버렸다. 결국 베난도너는 꼬리를 푹 내린 채 고향인 스코틀랜드로 돌아가버렸다. 맥핀이 따라오지 못하도록 가는 길에 둑길을 부숴 버리는 짓도 잊지 않고 말이다.

물론 무척이나 판타지 같은 이야기다.

자이언츠 코즈웨이가 세계에 첫 선을 보인 건 1693년, 아일랜드 정치인이었던 리처드 벌클리Richard Bulkeley에 의해서였다. 그는 이 둑길에 대한 보고서를 런던 왕립학회의 명망 있는 회원들 앞에 선보였다. 그 이후 자이언츠 코즈웨이는 끊임없이 지질학자들을 매료시켜왔다.

이 비슷하게 특이한 육각형 기둥으로 이뤄진 절경은 전 세계에 걸쳐 찾을 수 있다. 주로 초자연적인 이름이 붙여지는데, 예를 들면 캘리포니아의 '데블스 포스트파일Devil's Postpile(악마의 기둥이라는 뜻)'과 같은 곳이다. 다년간에 걸친 추측과 실험 끝에 현재 과학자들은 그처럼 규칙적인 모양의 현무암 기둥은 화산활동으로 조성된 것이라 굳게 믿고 있다. 이 주장에 따르면, 약 5000만~6000만 년 전, 고제삼기Paleogene(신생대 제3기)라 불리는 시절에 자이언츠 코즈웨이 주변은 녹는 현무암 용암으로 뒤덮인 극심한 화산지대였다. 용암이 점차 냉각됨에 따라 수축되기 시작했고, 마침내 금이 가게 되었다. 마치 매우 더운 날 진흙땅이 갈라지듯이 말이다. 그러한 수축이 응력을 유발해서, 결국 바위에 균열을 일으킨 것이다. 이 신기하고 기묘한 균열의 구조, 혹은 지질학자들이 말하는 '절리'가 다양한 크기의, 아주 가지런한 육각형 모양을 만들어낸 것이다. 이렇게 초자연적인 지형이 탄생하게 된 것이다.

미니어처 자이언츠 코즈웨이 만들기

그렇다면 왜 자이언츠 코즈웨이는 다양한 크기의 포장용 돌처럼 육각형 모양의 패턴을 갖게 됐을까? 몇 년 전, 토론토 대학의 물리학자들은 이 수수께끼를 부엌에서 쉽게 찾을 수 있는 재료를 통해 풀어냈다. 독자 여러분도 이 획기적인 실험을 지금 당장이라도 해볼 수 있다. 그것도 〈왕좌의 게임〉 드라마 중간에 광고가 나가는 짧은 시간 동안 말이다.

이 실험을 위해 필요한 준비물 :

커피 잔 한 개

옥수숫가루 한 컵

물 한 컵

스위치를 잠시 동안 켜둘 수 있는 밝은 불

우선 커피 잔의 반을 옥수숫가루로 채운 후, 가루 양만큼의 물을 그 위에 붓는다. 옥수숫가루와 물을 섞어 반죽을 만든 다음 컵을 밝은 불 아래 일주일 동안 놔둔다(《왕좌의 게임》의 새로운 에피소드가 일주일마다 나오니, 편리한 일이 아닌가).

일주일 후면 반죽은 마른 상태가 될 거다. 이제, 반죽이 부서지지 않도록 조심스럽게 컵에서 꺼내 보라. 반죽의 내부가 겨우 몇 밀리미터의 틈으로 갈라진 육각형 기둥들로 쪼개져 있을 것이다. 이렇게 해서 미니어처 자이언츠 코즈웨이가 탄생한다.

이 실험을 고안한 물리학자들은 여러 다른 실험 환경에서 반죽을 만들어 내는 연구를 했다. 또한 전 세계의 다양한 용암 패턴에 대해서도 연구를 했다고 한다. 그러고는 이렇게 결론을 내렸다. 실험에서 육각형 기둥의 크기는 반죽 안으로 물이 스며들어오는 속도에 의해서 결정된다고 말이다. 물리학자들은 둑길의 육각형 기둥 크기가 어떻게 결정되는지를 밝히길 원했던 것이다. 그 크기는 불과 몇 센티미터에서부터 몇 미터까지 다양하다. 화산 용암이 기둥 속으로 균열을 일으키며 흘러 들어가는 속도는 옥수수 반죽에 물이 스며드는 속도보다 느리다. 결국, 이것으로 자이언츠 코즈웨이를 이루는 육각형 기둥이 옥수수 반죽에서보다 훨씬 더 큰 이유가 설명이 된다.

이렇게 해서 간단한 옥수수 반죽으로 〈왕좌의 게임〉에 나오는 가장 근사한 광경이 어떻게 형성되었는지를 알아본 셈이다.

적합한 크기에 대하여

거대 생명체에 대해서 논할 때, 하늘과 땅의 생명체는 바닷속 생명체의 거대한 크기와는 비교가 되지 않는다. 비밀은 물의 부력에 있다. 부력에 의해서 신체 내 장기의 압박이 해소되는 등의 효과가 있기 때문이다. 물에 떠 있을 때는 질량이 중요한 것이 아니라 밀도가 중요하다. 따라서 당연히 대리석 구슬 같은 밀도가 작은 물체는 가라앉고, 폴리스티렌polystyrene과 같은 물질로 만든 커다란 공은 물에 뜨는 것이다. 그러니 지구상의 가장 무거운 생명체가 바다에 산다는 게 일리 있는 셈이다. 동물의 대부분은 물로 이뤄져 있다. 따라서 중력의 효과를 벗어나기 위해서는 응당 바다 안에 있어야 하지 않겠는가. 거대 인어의 존재도 충분히 그럴싸한 얘기다.

그렇다면 각 동물에는 알맞은 크기라는 게 늘 존재하는 걸까? 동물들 간의 상대적인 크기 차이가 동물들 각각의 삶에 어떤 영향을 미칠까? 헐크처럼 거대한 쥐, 아주 조그마한 코끼리는 있을 수 없는 걸까?

작은 동물, 큰 동물의 알맞은 크기 문제는 인도의 진화 생물학자인 존 홀데인J. B. S Haldane의 마음을 사로잡았다. 홀데인은 이 문제를 자신의 흥미로운 논문 "적합한 크기에 대하여"에서 다룬 바 있다. 논문은 아이들의 전래동화에 등장하는 전통적인 거인 그리고 킹콩 및 고질라 같은 좀 더 현대적인 거대 괴물의 얘기로 시작한다. 홀데인은 자신이 어린 시절 읽었던 이야기책에 나오는 거인은 인간의 열 배의 신장에 해당하며, 몸무게는 자그마치 천 배 정도라고 기억한다. 그러나 일반적인 인간의 대퇴골은 인간 몸무게의 열 배 정도의 무게에서는 부러질 수밖에 없다. 그러니 아마 이야기 속의 거인은 한걸음 내디딜 때마다 다리가 부러질 듯했을 것이다. (홀데인은 이 때문에 동화 속 거인들은 주로 앉아 있는 그림으로 묘사된다고 추측했다. 따라서 『잭과 콩나무』에 나오는 잭의 활약도 실망스럽다는 거다. 콩나무의 꼭대기에서 거인에게 '일어서 달라'고 부탁하는 것만으로 거인을 끝장내버렸을지 모르니까.)

그렇다면 몸집이 작은 것은 분명 이점이 있다. 홀데인의 말을 들어보자. "1킬로미터에 달하는 길이의 갱도에 생쥐를 내려 보낼 수 있겠지요. 생쥐가 바닥에 닿으면 아마 약간 충격을 먹고 달아나 버릴 겁니다. 땅이 충분히 부드럽다면 말이지요. 결국 쥐는 죽임을 당하고, 사람은 뼈가 부러지며, 말은 철벅 하고 떨어질 겁니다." 왠지 램지 볼튼의 대사처럼 음산하게 들리기 시작하지 않는가. 그렇다고 홀데인의 정신이 온전한지 걱정할 필요는 없다. 그의 진짜 관심사는 바로 거인을 찌그러트린 그 물리력이 어떻게 생쥐의 목숨은 구했는지를 파헤치는 데 있으니 말이다.

홀데인의 가상의 실험에서 동물을 갱도에 내려 보냈다고 가정해 보자. 이 악몽 같은 추락에서 그 동물의 운명은 어떤 몸집을 하고 있는지에 달렸다. 다시 생쥐의 얘기로 돌아가 보자. 만약 생쥐라면 몸의 부피, 그리고 몸무게에 비해서 넓은 표면적을 가진다. 생쥐 뒤에서 초조하게 줄을 서고 있을 말에 비하면 말이다. 따라서 생쥐는 일단 더 천천히 하강하게 되는 것이다.

"동물의 길이, 넓이와 신장을 10으로 나눠보십시오. 그러면 몸무게는 1000분의 1로 줄어들겠지만, 표면적은 겨우 100분의 1로 줄어들겠지요." 홀데인이 지적한다. 앞서 소개한 제곱-세제곱 법칙을 반대로 적용한 셈이다. 따라서 생쥐에게는 하강에 대한 물리적 저항력이 자기를 끌어내리는 추진력에 비해 상대적으로 열 배나 더 큰 셈이다. 하지만 안타깝게도 말은 크기 때문에 생쥐에 비해 훨씬 더 많은 운동에너지를 지닌다. 따라서 이 가상의 말이 가상의 갱도를 하강할 때 생기는 운동에너지는 어딘가로 사라져야 한다. 물리학의 용어로 하면 '소멸되어야'하는 것이다. 결국 몸이 산산조각이 나서 흩어지는 형식으로 소멸되는 것이다.

만약에 이 실험을 진심으로 하고 싶다면, 포도알과 수박으로 시험해 보라. 건물 1층에서 반경 1.6킬로미터 내에 아무도 없음을 확인하고 우선 포도알을, 그리고 수박을 차례로 떨어뜨려 보는 것이다. 운 좋으면 나중에 수박을 치울 때 성한 부분이 남아있을지도 모르겠다.

어둠의 날개, 어둠의 소식

메시지를 전달하는 큰 까마귀와 까마귀는 판타지 소설에 자주 등장하곤 한다. 중요한 밀서를 전달함으로써 멋지게 소설의 흐름을 진척시키는 존재인 것이다. 얼음과 불의 세계에서도 다를 바 없다. 웨스터로스 전역의 우편 시스템이 이 날개 달린 메신저들이 성에서 성으로 전달하는 것에 전적으로 의존하는 것이다. 사실, 드라마 내내 결정적인 뉴스는 바로 이 까마귀들에 의해 도착하는 걸 볼 수 있다. 네드 스타크가 의미심장하게 이렇게 중얼거리는 게 기억나지 않는가. "어둠의 날개가 어둠의 소식을 싣고 오는군."

이 까마귀 메신저들은 마에스터들에 의해 훈련을 받고 날려 보내진다. 마에스터들은 칠왕국 전역에서 학자이자 힐러healer이자 과학자의 역할을 담당한다. 고대 시대에는 새들도 말을 할 수 있었다고 전해지지만, 이 능력은 사라져 버렸다고 한다. 대신 새 다리에 글로 쓴 메시지를 묶어 날려 보내는 것이다. 이론적으로는 우리 세상의 까마귀들도 언어적 메시지를 전하는 데 이용될 수 있다. 편지의 전체를 다 외울 수야 없겠지만, 말을 흉내 내는 데 탁월한 능력이 있기 때문이다. 심지어 몇몇 앵무새들보다 나을 정도다. 유튜브에서 큰 히트를 기록한 말하는 까마귀 미스치프^Mischief^가 '안녕하세요^hello^'라고 말하는 능력을 뽐내는 동영상을 한 번 찾아보라. 상당히 깊고 근엄한 목소리다. 반면에 '안녕^hi^'이라고 말할 때는 일본 애니메이션에 나오는 여학생 같은 목소리를 낸다.

잠시 얘기가 딴 데로 샌 듯하다.

하지만 우리의 세상에서 까마귀가 메시지를 전달한 사례는 없다. 그럼에도 까마귀가 메시지를 전달한다는 생각은 우리의 대중문화 깊숙이 박혀 있다. 티베트에서 아일랜드에 이르기까지, 신화에는 공통적으로 까마귀가 신들의 메신저로 등장한다. 예를 들어, 노르웨이 전투의 신인 오딘^Odin^에게는 휴긴^Hugin^과 뮤닌^Munin^이라는 두 까마귀가 있었다고 전해진다. 휴긴은 생각이라는 뜻, 뮤닌은 기억이라는 뜻이다. 이 두 마리는 전 세계를 날아다니며 정보를 얻고 이를 매일 밤마다 오딘에게 뉴스로 보고했다고 한다. 아이슬란드의 영웅 전설에도 오딘이 등장한다. 오딘은 언제 두 마리 까마귀가 뉴스를 가지고 도착할지 늘

안절부절못했다고 한다. 그는 이렇게 중얼거렸다. "휴긴이 걱정되긴 하는데, 뮤닌이 더 걱정이로군." 그러고는 이렇게 횡설수설했다. "목요일에는 뮤닌이 늦게 왔지. 금요일에는 심지어 오지도 않았어. 그런데 진홍색과 흰색으로 꾸며진 카드에 '당신 앞으로 뉴스가 있음'이라 적힌 걸 발견했지 뭐야. 내가 나간 사이에 뮤닌이 돌아왔었다고 적혀 있었어. 그런데 나는 오랜 시간 동안 아스가르드Aasgard(북유럽 신화에 나오는 아스신족의 왕국)를 떠난 적이 없거든. 헌데 뮤닌이 일러준 미드가르드Midgard(북유럽 신화에 나오는 인간세계)의 우편물 분류 사무소는 내일 낮 1시까지밖에 열지 않는데…."

여하튼, 우리의 세상에서 정보 전달 수단으로 실제로 이용된 건 비둘기였다. 수년간 애완용 비둘기가 어떻게 자신의 집을 찾아오는지는 수수께끼로 남아있었다. 그런데 옥스퍼드대학의 동물 행동학자들의 한 국제적 연구가 그 답을 제시했다. 비둘기들은 그저 인간 세계의 길과 고속도로를 따라온다는 것이었다. 2004년 팀 길드포드Tim Guildford 교수는 연구팀의 놀라운 연구결과에 대해 전 세계 미디어를 통해 설명했다. "정말이지 연구팀이 발칵 뒤집혔지 뭡니까. 비둘기들이 내부의 동물적 본능은 무시하고 그저 도로 체계를 따라갈 뿐이었다니요…. 도로를 따라간다는 건 너무나 명백해요. 옥스퍼드 우회도로를 따라 날아가는 비둘기 떼들을 관찰했거든요. 심지어 몇몇 교차로에서는 옆길로 돌아가더군요. 아주 인간과 비슷하게 말입니다."

당신에 대해 모두 말해 버릴 테요

보통 새들의 뇌는 무척이나 작다. 하지만 까마귀들이 침팬지, 혹은 돌고래만큼이나 똑똑하다는 많은 증거들이 있다. 게다가 행동도 놀랍도록 세련되었다고 한다. 감정에 공감할 줄도 알며, 죽음의 개념을 이해하고 이를 두려워하기도 한다.

"그런 사실을 어떻게 알게 되었나요?"라고 물을지도 모르겠다. 좋은 질문이다. 실은 과학자들이 까마귀들 한 떼를 모아놓고, 〈왕좌의 게임〉 '붉은 결혼식' 에피소드를 보여 주면서 얼마나 겁에 질려 날개로 눈을 가리는지 횟수를 세어 보았다고 한다. 아, 물론 농담이다. 실제로는 과학자들이 까마귀들이 죽음 앞에서 '특이하게' 행동하는 것을 관찰했다고 한다. 하늘을 날던 커다란 까마귀 무리 중 하나가 죽으면, 그 시체 앞에 다른 까마귀들이 모여 큰소리로 깍깍대며 우는 것이었다. 이 모습이 과학자들의 호기심을 불러일으켰다. 혹시 까마귀들이 죽은 동료를 위해 장례식을 열었던 것은 아닐까?

시애틀 소재 워싱턴대학의 과학자들은 이러한 까마귀의 죽음을 둘러싼 실험을 해 보았다. 실험을 주도한 연구원인 카엘리 스위프트Kaeli Swift는 우선 까마귀 떼에게 맛있는 먹이를 주며 좋은 인상을 심어 주려 노력했다. 그런데 그때 카엘리보다 훨씬 더 위험한 인간으로 인식될 두 번째 연구원이 등장한다. 까마귀들은 위협적인 얼굴은 절대 잊어버리지 않는다는 사실을 노리고 접근한 것이다.

영국 BBC 방송 어쓰Earth 채널에서는 이 장면에 대해 이렇게 보고한 바 있다. “까마귀들로부터 실제로 공격받을 때를 대비해서 연구원들은 얼굴에 라텍스로 된 사실적인 얼굴 마스크를 썼습니다.” 과거의 위대한 과학자들은 새로운 지식을 얻기 위해서 위험을 감수했다. 남녀의 구분 없이. 예를 들어, 마리 퀴리Marie Curie는 위험한 레벨의 방사선에 노출되었고, 아이작 뉴턴은 광학을 연구하느라 바늘에 눈을 찔리기까지 했다. 그런가 하면 스키너는 자신의 갓 난 딸을 실험용 상자에 넣기도 했다(다행히 아기는 상자 속을 꽤 좋아했던 듯하다). 하지만 이 까마귀 실험에서는 한계가 있었던 모양이다. 까마귀에게 공격받고 싶은 사람은 없을 테니까. 아무도 까마귀 집단의 혐오 표적이 되길 원하지 않은 거다. 까마귀를 싫어하는 악당 연구원이 깍깍 울어대는 성미 급한 까마귀 떼에 괴롭힘을 당할까 두려워 연구실 밖으로 발을 못 디디는 장면을 상상해 보라(히치콕 감독의 〈새〉를 다 보지 않았는가).

스위프트가 덤덤하게 설명한 두 번째 연구원의 역할은 이랬다. “죽은 까마귀를 손에 들되, 거칠게 다루지는 않습니다. 죽는 장면을 재현하는 건 아녜요. 다만, 마치 쓰레기를 집어서 쓰레기 더미에 던질 것 같은 태도를 취하는 거죠. 손바닥을 펴서 전채 요리를 담은 접시 같은 것을 올려놓았다고 생각하면 됩니다(전채 요리의 대단한 팬으로서, 필자는 이게 무슨 뜻인지는 잘 모르겠다. 그렇다고 파티에서 스위프트에게 전채 요리를 건네 달라고 할 수도 없고).

이전 연구에 따르면 까마귀들은 위험한 인물의 얼굴을 기억할 뿐만 아니라, 그 정보를 집단 내에서 공유까지 한다고 한다. 그래서 그 위험인물은 심지어 수년이 지난 후에도 까마귀들에게 기억되고, 질타를 받는다는 거다. 어린 까마귀들은 부모들에게 이 '악당'을 기억하도록 교육까지 받는다고 한다.

다시 실험으로 돌아와 보자. 까마귀들은 새로 등장한 두 번째 연구원을 전혀 탐탁해 하지 않았다. 전투적인 자세로 소리 내어 울며 마스크를 쓴 연구원을 에워쌌다. 이 행동은 까마귀 떼에게 '악당을 알아차리는 교육'의 기회로 이용된 셈이었다. 까마귀들은 스위프트가 내놓은 먹이조차 거부했다. 다음날, 마스크를 쓴 연구원이 죽은 까마귀를 손에 들지 않고 돌아와도 까마귀 떼는 연구원을 외면했다. 여전히 스위프트의 먹이도 거부한 채로. 과학자들에 따르면 이 일련의 행동은 까마귀 떼가 죽음을 인식을 하고 이를 두려워함을 보여 주는 강한 증거라고 한다(한편, 같은 실험을 이번에는 죽은 비둘기를 들고 실행했을 때, 까마귀 떼들은 눈에 띄게 덜 언짢아했다고 한다. 이로써 까마귀 떼들은 자신들의 종족에 가해진 위협만 인식함을 알 수 있다. 아니면 다른 새들조차 비둘기를 싫어하는지도 모르지만. 아무리 비둘기가 고속도로를 잘 따라온다 해도 말이다).

워깅이 존재하지 않는 우리의 세상에서 과학은 우리로 하여금 점점 더 세상을 '동물들의 시선'에서 보도록 해준다. 하지만 과학자가 아닌 우리들은 아직도 까마귀 친구들을 제대로 이해하지 못하곤 한다. 까마귀들은 제스처를 사용한다고 보이는 몇 안 되는 동물 중 하나다. 부리나 날개로 동료 까마귀들의 관심을 이끌어낸다는 것이다. 게다가 인간과도 교감을 나눌 수 있다고 한다.

미국의 조류학자인 베른트 하인리히[Bernd Heinrich] 교수는 저서 『까마귀의 마음』에서 한 사람과 까마귀 한 마리, 그리고 퓨마 한 마리 간의 만남에 관한 이야기를 풀어 놓는다. 콜로라도 주의 한 시골에서 어떤 여성이 자신의 통나무 집 앞에서 홀로 일을 하고 있었다. 그러다 갑자기 이 여성은 까마귀가 긴급히 조잘대는 것 같은 소리를 감지했다. 이윽고 까마귀는 주변의 바위 위에 내려앉았다. 그 순간, 그녀는 퓨마와 눈을 마주치게 됐다. 퓨마는 막 뛰어올라 그녀를 공격하려는 찰나였다.

이런 만남을 과연 어떻게 해석해야 할까? 이야기의 여성(물론 상처를 입지 않고 도망쳤다고 한다)은 까마귀가 자신의 목숨이 위험하다고 경고를 하려 했다고 믿었다. 다년간을 새의 행동과 문화에 대해 연구한 하인리히는 오히려 까마귀가 퓨마와 함께 그녀를 잡아먹을 기회를 포착한 것뿐이라고 보았다. 그래서 퓨마에게 더 이상 시간 끌지 말고 공격하라는 적극적인 신호를 보냈다는 거다. 까마귀 떼를 대표하는 표현이 '불친절', 혹은 '음모'라는 말이 괜히 나온 게 아닌 셈이다. 동물의 사체를 뜯어먹는 새들은 예로부터 불길하게 여겨져 왔다. 모든 까마귓과의 새들은 떼를 지어 전쟁터에 몰려가 죽어가는 사람이나 시체를 쪼아대곤 했던 것이다. 〈왕좌의 게임〉의 네 번째 소설인 "까마귀와의 향연"이 다섯 왕들 사이에 벌어진 전쟁의 끔찍한 파국을 다룬 것도 우연이 아니다.

야생에서 까마귀는 서로 간의 이득을 위해 다른 동물들과 팀을 이뤄 협력도 한다. 심지어 인간과도 말이다. 예를 들어, 늑대와 까마귀는 짝을 이뤄서 사냥을 하기도 한다. 1940년대에 캘리포니아의 옐로우스톤 국립공원에 늑대가 다시 선을 보이자, 이 복잡하고 끈끈한 협력 관계도 순식간에 모습을 드러냈다. 늑대 무리가 사냥을 할 때 바로 뒤에 떼를 지어 다니는 까마귀가 눈에 띄곤 했던 것이다. 사실, 이 늑대와 까마귀라는 두 동물은 우리 세상의 신화 및 전래동화에서 특별한 자리매김을 해 왔다. 오늘날에도 여전히 이 두 동물의 행동은 사람들을 매료시킨다. 인간이 동물의 세계에 가까웠던 시대를 상기시키기 때문인지도 모른다. 그 시대에는 정말로 까마귀들이 메시지를 인간에게 전달했을는지도 모를 일이 아닌가.

만약 수렵채취를 하던 우리의 선조들이 급습하는 까마귀 떼와 사냥하는 늑대들을 따라다니면서 식량을 구했다면 어땠을까? 식량을 구하기 힘든 시기에 이 셋이 같이 모여 다니며 사냥을 했다면 말이다. 정말로 굶주릴 때라면, 고기를 발견한 까마귀 떼의 울음소리가 신들이 전하는 가장 소중한 메시지처럼 들렸을는지도 모를 일이다.

아무 동물이나 탈 수 있다면

칠왕국에서는 다양한 네 발 달린 동물들이 곳곳을 다니는 교통수단으로 등장한다. 예상하듯이 일반적으로 말이 가장 빠른 교통수단이다. 하지만 웨스터로스에서는 좀 더 이국적인 동물들도 교통 서비스를 제공한다.

예를 들어 대니는 자신의 타르가르옌 선조들과 마찬가지로 드래곤을 탄다. 물론 처음에는 여러 번 시행착오를 거쳤지만(특히 대니와 그녀의 용 드로곤은 정말 훌륭한 팀워크를 보여준다. 그러나 드로곤의 형제인 다른 두 마리 드래곤 라에갈Rhaegal과 비세리온Viserion을 누가 컨트롤할 수 있을지는 앞으로의 정복기에 큰 영향을 미칠 예정이다). 한편, 스카고스Skagos라는 북쪽 섬에 사는 원주민들은 재미있게도 유니콘을 타고 돌아다닌다고 한다. 스카고스인들에 대한 정보는 별로 없으나, 전설에 따르면 이들은 식인종들이다. 그런가 하면, 장벽의 북쪽에 사는 '차가운 손Cold Hands'이라 불리는 수수께끼 같은 친절한 원주민들도 있다. 이들은 샘과 길리, 브랜과 리드 남매Reeds를 도와주기도 했다. 이 원주민들은 특이하게도 엘크Elk(북유럽 등지에 사는 큰 사슴)를 타고 이동한다. 이제, 얼음과 불의 세계에서 동쪽에 자리 잡은 에소스 대륙을 한번 살펴보자. 이곳의 유목 민족인 조고스 나이Jogos Nhai는 드넓은 평원을 흰색과 검은색의 얼룩무늬로 된 말과의 동물인 조스Zorses를 타고 다닌다.

그렇다면 등이 인간이 올라탈 수 있을 정도로 넓은 동물들은 다 교통수단이 될 수 있을까? 다른 한편으로 우리의 세상에서는 왜 아직도 얼룩말이나 조스 대신에 말을 타고 다닐까?

물론 이는 명확한 답변이 어려운 문제기는 하다.

우리 인간들은 약 2만 년 전부터 동물들을 길들이기 시작했다. 당시 인간이 어떤 동물을 곁에 두고 싶어 했다면, 다음과 같은 공통적인 속성이 있었음을 알 수 있다. 우선, 동물이 먹이에 대해 까다롭지 않아야 한다. 또한, 우리에 갇혀 있으면서도 꽤 빠른 기간 안에 새끼들을 낳고 기르는 데 탈이 없어야 한다. 게다가 상하체계도 확고해야 한다. 인간이 우두머리의 자리를 차지할 수 있도록 말이다(개나 말, 드래곤 모두 마찬가지다). 그리고 꽤 얌전하고 상대적으로 상냥한 성격이어야 한다. 바로 이 때문에 얼룩말은 말의 지위를 얻지 못한 것이다.

얼룩말은 마치 조고스 나이족의 조스처럼 예측하기가 힘들다. 게다가 다가오는 사람의 모습이 마음에 안 든다며 발로 차 버리거나 물 수도 있다. 그런데도 최소한 한 명 정도는 얼룩말 길들이기가 도전 과제라고 생각했던 모양이다. 빅토리아 시대 말기 무렵에 버킹엄 궁전 주위의 번화가를 거닐다 보면, 전직 금융업자에서 동물학자로 탈바꿈한 로스차일드 남작 2세가 얼룩말 네 마리가 이끄는 마차를 타고 거리를 달리는 모습을 볼 수 있을지도 모른다. 이 외에도 얼룩말을 말처럼 타고 다녔다는 보고가 있기는 하다. 그러려면 많은 용기가 필요했겠지만.

존 스노우가 장벽의 북쪽으로 탐험을 떠났을 때, 그를 놀라게 한 것이 보통 인간의 두 배가 되는 거인만은 아니었다. 거인들이 타고 다니는 매머드도 당황스럽기는 마찬가지였다. 안타깝게도, 우리의 세상에 남아 있는 동굴 벽화에는 선사 시대 선조들이 당당하게 후피 동물pachyderms(코끼리같이 겉가죽이 두꺼운 동물)의 등 위에 앉아 있는 모습은 없다. 그럼에도 역사가들은 적어도 6000년 동안은 사람들이 코끼리를 타고 다녔을 거라 믿고 있다. 서기 10년에는 로마인들이 코끼리를 타고 템스강을 건너 영국으로 침공해 왔다(영국인들은 하나도 마음에 안 들었겠지만). 제2차 세계대전에는 연합군이 열대 지역에서 코끼리를 교통수단으로 썼다. 현대적 자동차가 도저히 건널 수 없는 지형에서 말이다. 요즘같이 평화로운 시대에는 인도의 도시 자이푸르Jaipur 내 앰버 요새Amber Fort 주변을 코끼리들이 여행객들을 태우고 한가로이 다니고 있다.

코끼리는 인간들의 가축화domestication에 대한 지침을 반박하는 사례라 할 수 있다. 갇힌 상태에서 번식하기도 쉽지 않은데도, 1000년 동안이나 야생에서 사람들에게 잡혀 와 훈련을 받고 사람들을 태우고 다녔으니 말이다. 고대 인도에서 2000년 전에 산스크리트어로 쓰인 『아르타샤스트라Arthashastra』를 통해 코끼리를 길들이는 과정에 대한 통찰력을 엿볼 수 있다. 이 책은 국가 지도자들에게 행정 및 국가적 정치 전반에 대한 지침서 역할을 했는데, '코끼리를 잡으려면 여름에 잡으라'라고 충고하고 있다. 또한 약 스무 살 정도 된 야생 코끼리를 노리라고 쓰고 있다(아마도 그 나이의 코끼리가 꼬임에 빠지기 쉬워서일 거다. 갓 졸업한 학생 앞에 무임금 인턴십 기회를 흔들어 대면 쉽게 속는 것처럼). 이런 식으로 책은 어떻게 이 짐승을 훈련시키고 돌보며, 우리에 집어넣고, 휴식을 줄 것이며 운동을 시킬 것인지에 대해 아주 친절하고 세세하게 언급한다. 심지어 코끼리를 잘 대접하지 않는 인간에게는 벌을 줄 것도 권고할 정도다. 또한 국고에서 일종의 '코끼리 연금'을 따로 마련할 것도 권장한다. 말하자면 더 이상 일을 못 하거나 인간을 태우지 못하는 늙은 코끼리들을 돌봐서 행복하고 평온한 노년을 보낼 수 있도록 하자는 것이다(마치 국민 연금처럼). 이러한 역사가 있기에 아마도 2015년 말에 인도의 대법원에서는 오락용으로 코끼리를 타는 것을 금지하는 것을 고려했는지도 모른다. 이 평화로운 동물이 잔인하고 허접스러운 환경에 갇혀 지낼까 우려했기 때문이다.

매머드의 등에 올라탄 거인의 광경이 존 스노우를 놀라게 했는지는 모르지만, 장벽의 북쪽에는 이보다 더 기이한 광경들도 있었다. 예를 들면, '다른 자'라 불리는 화이트 워커들이 영원한 겨울의 나라를 탐험하는 방식이다. 캐슬 블랙의 북쪽에서 샘웰 탈리가 야인들과 함께 있었을 때, 그는 밤의 경비대가 세 번 뿔피리를 부는 소리를 들었다. 세 번의 아주 길고 음산한 뿔피리 소리는 주위에 화이트 워커가 출몰했다는 뜻이었다. 샘웰은 어렸을 적 그토록 공포에 질리게 만들었던 괴물 얘기를 떠올렸다. 피에 굶주린 침입자들이 거대한 얼음 거미를 타고 다가온다는 그 얘기를….

모두 오늘 밤 좋은 꿈들 꾸시길 바란다.

눈만큼 아름다운 것은 없다

화이트 워커 얘기가 나와서 말인데, 눈사람을 만들어 보는 건 어떨까?

금리가 템스강보다 더 꽁꽁 얼어붙은 오늘날에는 이상하리만큼 눈을 찾아보기 힘들다. 하지만 궁여지책이 있으니 안심하라. 수년간이나 과학자들은 실험실에서 완벽한 가짜 눈을 만드는 공식을 찾아내느라 분투해 왔다. 기쁜 소식은 이제 이 마법의 흰 가루를 집에서도 즐길 수 있다는 거다. 역시나 〈왕좌의 게임〉 드라마 중간 광고가 나가는 동안에 말이다.

이 실험을 위해 필요한 준비물:

일회용 기저귀('일을 보는 부분' 끝에 액체를 흡수하는 하얀 결정체가 묻어나는 아주 건조한 타입의 기저귀) 한 개

반짝이 한 줌(선택 사항이지만 멋져 보이니까)

물 한 컵

사발 접시 한 개

우선 기저귀를 뜯어서 마법의 결정체가 들어 있는 저장 부분을 잘라

낸다. 결정체를 사발접시에 넣고 점차 물을 섞는다. 물을 한 번에 조금씩만 넣고 눈과 같은 상태가 될 때까지 열심히 젓는다. 여기에 반짝이를 약간 뿌리면, 마법의 겨울 왕국 같은 눈이 한 줌 완성될 것이다.

기저귀 안의 이 특수한 결정체는 매우 흡수력이 강한 폴리아크릴산나트륨polyacrylate이라는 고분자 화합물인데 '슬러시 파우더slush powder' 라고 불리기도 한다. 이 결정체가 물을 만나면, 나트륨 원자가 '슝' 하고 튀어나와서 물 분자와 자리를 바꾼다. 그럼으로써 녹는 게 아니라 오히려 팽창하는 것이다. 그 결과 눈과 모양과 효과가 비슷한 근사한 물질이 탄생하게 된다.

만약에 기저귀가 없어도(아니면 소변 때문에 '노란 눈'이 됐다거나) 걱정할 필요 없다. 그 대신에 중탄산염 소다라고 하는 베이킹소다와 눈처럼 하얀 색이 나는 헤어 컨디셔너를 쓰면 되니까. 베이킹소다 세 컵에 컨디셔너 반 컵의 비율로 섞는다. 그러고 나서 반짝이는 효과를 위해 반짝이를 뿌려 주면 된다.

헤어 컨디셔너는 산성이다. 그래서 알칼리성인 샴푸로 머리를 감고 나서 머리카락 정돈을 위해서 쓰는 것이다. 베이킹소다는 컨디셔너와 만나면 반응을 해서 이산화탄소를 생성한다. 그 결과 뽀송뽀송한 입자감이 느껴지는 눈 같은 혼합물이 생겨나는 것이다. 여담이지만, 1940년대에 원자 폭탄이 만들어질 때, 연구원들은 베이킹소다가 옷에 묻은 우라늄을 씻어내는 데 최적임을 발견했다. 미래에 핵전쟁이 나거나, 술집에서 시시콜콜한 퀴즈 맞추기를 할 때 도움이 될 정보가 아닌가.

가짜 눈을 어떤 식으로 만들었든, 이제 눈으로 큰 공을 만들고, 그 위에 그보다 작은 공을 만들어 올려 보자. 그리고 검은 깃털 몇 개를 꽂고, 검은 머리를 만들고, 기절할 만큼 잘생긴 얼굴을 만들어 보라. 그 위에 검은 망토를 덮고 작은 검까지 곁들이면?

'넌 아무것도 몰라 존 스노우맨John Snowman'이 탄생하게 될 거다.

이 실험에 쓰이는 모든 물질은 무독성으로 집에서 매일 쓰는 제품에서 쉽게 얻을 수 있다. 그래도 가짜 눈이 눈, 입, 코 등에 들어가는 걸 피해야 한다. 어떤 이에게는 염증을 유발할 수도 있으니 말이다. 그리고 눈사람 놀이가 끝나면 싱크대에 버리기보다는 쓰레기통에 넣기를 권유하는 바이다.

좀비화에 대한 기이한 진실

창백하고 주름진 근엄한 얼굴에 기분 나쁜 차가운 파란눈동자가 아기를 지긋이 응시한다. 자리에 모인 무리들은 짐짓 망설이면서도 쥐죽은 듯 조용하다. 이 순간의 엄숙함을 감지하기 때문이다. 이윽고 왕관을 쓴 파란눈동자의 노인이 아기의 볼을 어루만진다. 아기에게로 고대의 힘이 전달되는 순간이다.

아니, 이 장면은 왕족 아기의 세례 장면이 아니다. 〈왕좌의 게임〉 시즌 5에 등장하는 크래스터[Craster]의 아들들의 운명이 어떻게 되는지 드러나는 음산한 장면이다. 크레스터의 아들들은 어머니의 품에서 떨어져서 냉정한 아버지에 의해 숲속에 버려진다. 그러면 위에서처럼 화이트 워커가 등장해 아기들을 영원한 겨울의 나라로 데려가는 것이다. 그리고 아기들은 새로 생긴 식구들인 화이트 워커에 의해 얼음장처럼 차가운 눈을 가진 존재로 탈바꿈하게 된다.

화이트 워커는 원래 굉장한 의문의 존재였다. 그들이 원하는 건 뭘까? 정말 보이는 대로 사악하고 파괴적인 존재일까? 아니면 아기들의 파티에 어울릴 만큼 친근한 존재일까?

화이트 워커라는 차가운 의문의 존재가 지닌 얼음과 같은 힘은 〈왕좌의 게임〉에서 매우 중요한 사안이다. 소설에서나 드라마에서나 마찬가지로 오프닝에 등장하기 때문이다. 첫 장면에서 묘사된 섬뜩한 공포는 상당히 신비한 느낌을 준다. 밤의 경비대의 세 단원이 눈 쌓인 숲속 공터에 놓인 남성과 여성들, 어린이들의 시체를 우연히 발견한다. 그런데 희한하게도 그 시체들이 곧 감쪽같이 사라져 버린다. 그 후, 막연한 공포 속에서 보이는 건 분명 나뭇가지에 심장을 찔려 죽어 있던 아이의 시체가 멀쩡하게 서 있는 모습이다. 그 기이한, 푸른 눈으로 냉담하게 밤의 경비대 단원들을 뚫어져라 쳐다보는.

〈왕좌의 게임〉 이야기가 진척됨에 따라 우리는 이 초자연적인 화이트 워커라는 존재에 대해 더 잘 알게 된다. 화이트 워커는 고대 시대부터의 천적으로, 얼음과 추위의 괴물이다. 스타니스 바라테온은 이들을 '유일하게 의미 있는 적군'이라고 칭했었다. 그러나 1000년 동안이나 그 모습을 드러내지 않았기에, 점점 전설의 존재로 치부되고 있었다. 하지만 얼음과 불의 세계 이야기가 시작되면서, 화이트 워커는 다시 출몰하기 시작했다. 인간들을 희생양으로 삼는 등 엄청난 폭력성을 드러내면서 말이다.

하드홈 전투Battle of Hardhome에서 화이트 워커는 인간을 잔인하게 난

도질한 후 망령으로 부활시키는 섬뜩한 능력을 어김없이 과시했다. 이 망령들은 화이트 워커의 난폭한 명령을 그대로 따르는 생각 없는 노예 같은 존재다(그것도 아주 철저히 임무를 수행하며, 온몸의 수명이 다할 때까지 주인인 화이트 워커들을 섬긴다). 이 망령들이 결국은 하나둘씩 모여서 큰 좀비 군대를 형성하는 극적인 장면을 우리 모두 입을 떡 벌리며 보지 않았는가. 좀비 군대는 화이트 워커들의 통제 아래 있고, 동료였던 인간들마저 무자비하게 살해한다. 그래야 주인인 화이트 워커들이 사체를 부활시키고, 좀비 군대의 규모를 늘려 갈 테니 말이다.

게다가 화이트 워커는 음산한 좀비 상태의 말을 타고 다니기까지 한다. 힘줄이 온갖 군데 뜯어져 있고, 콧구멍으로는 피가 섞인 점액이 흘러나오는. 화이트 워커는 말을 부활시키기까지 했던 것이다.

이런 마법은 강령술necromancy을 떠올리게 한다. 강령술이란 사체에 생명을 불어 넣어, 헛되이 일으키는 주술이며 『성경』에도 명시된 바 있다. 또 역사 곳곳에 기록이 되어 있기도 하다. 그러나 제정신이 박힌 현대인이라면 이런 주술을 실제로 믿는 사람은 없지 않을까?

놀랍게도, 이를 믿는 사람이 있다.

1985년 하버드대의 민속식물학자 웨이드 데이비스Wade Davis는 『독사와 무지개The Serpent and the Rainbow』라는 책을 펴냈다. 이 책은 아이티Haiti

사회의 부두voodoo와 좀비, 그리고 마법 문화 속으로 들어가는 자신의 여정을 담고 있다. 데이비스는 좀비의 존재가 실제로 가능하다고 설득력 있게 주장한다. 특수한 '좀비 파우더'를 섭취하면, 마치 호러 좀비 영화 전문 감독인 조지 로메로George Romero의 영화 팬들에게 익숙할 '좀비 같은 행동'을 하게 된다는 것이다.

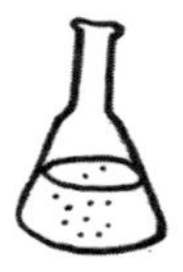

데이비스에 따르면, 아이티의 샤먼은 '보코bokor'라 불린다. 이 보코는 좀비가 되길 희망하는 사람에게 우선 테트로도톡신tetrodotoxin이라는 복어 독에서 추출한 약물을 처방한다. 이 약을 복용하면 일시적으로 '죽은 것 같은 효과'를 일으킨다고 한다. 예를 들어, 사지의 마비, 뻿뻿함, 그리고 '부패한 냄새' 등등이 발생하는 거다. 물론 실제로 죽지는 않는다. 이 약을 복용해 좀비의 초기 단계와 비슷한 상태의 사람은 산 채로 묻힘을 당할 수도 있다. 남들뿐 아니라 자신도 실제로 죽었다고 인식할 정도로. 그러다 곧 샤먼에 의해 '부활'하게 되는 것이다. 부활 후 좀비 상태였던 당사자는 또 다른 독극성 물질을 섭취하게 된다. '다투라Datura'라 하는 독말풀인데(일명 '천사의 트럼펫Angel's Trumpet'으로 더 잘 알려져 있다), 이를 복용하면 어지럽고, 쉽게 망각하며, 타인의 지시에 따르기 쉬운 반응을 보인다고 한다.

데이비스는 결국 이런 좀비 파우더의 샘플을 구했다. 하지만 그 원료 중 하나가 인간 사체의 조직이어서 사람들의 큰 비난을 받았다고 한다. 최근에 죽어 묻힌 어린아이의 부패된 살을 구하려 도굴을 사주했기 때문이었다. 게다가 최종적으로 데이비스에 대해 비평가들은 다음과 같은 점을 지적했다. 데이비스가 마련한 많은 샘플에서 테트로도톡신이 검출되지 않았다는 점, 그리고 적은 양의 뉴로톡신neurotoxin(신경독소)이 검출되기는 했지만 데이비스가 설명한 좀비화의 효과는 나타나지 않았다는 점이었다. 자, 이제 정말로 찝찝한 좀비화의 진실에 대해서 알려면, 거미와 와습wasp(벌의 일종)의 특이한 공생관계에 대해 살펴볼 필요가 있다.

좀비 거미 이야기

화이트 워커의 '사냥개만 한' 얼음거미에서부터, 우리의 세상에서 와습의 유충이 기생하도록 몸을 내어 주는 좀비 거미에 이르기까지, 거미는 지금부터의 좀비 이야기에서 큰 역할을 담당한다.

물론, 거미가 착한 생물이 아니라서 이런 일을 겪는다고 생각할지도 모르겠다.

어쨌든 계속 얘기를 이어가 보자.

어떤 거미류는 으스스하고 악랄하며 기어 다니는 다른 생물과 끊임없이 생사의 혈투를 벌인다. 그 생물은 바로 기생와습parasite wasp이다. 와습에는 수백, 수천 가지의 종류가 있는데, 각자 고유의 짜증 유발 포인트가 있다. 여기서 우리가 특히 주목할 것은 기생와습이다. 기생와습은 다른 살아 있는 생물 속에 새끼를 넣고 키우기 위해서 둥지를 짓는다고 한다. 체코 과학자인 스타니슬라프 코렌코Stanislav Korenko와 스타노 페카Stano Pekár는 특히 자티포타 퍼콘타토리아Zatypota percontatoria라는 와습의 행위를 묘사한 바 있다. 이 와습은 거미의 복부에 파고들어 알을 낳는데, 알이 부화하면 유충이 숙주인 거미의 사체를 섭취하는 것이다.

물론 처음에 거미는 거미줄을 짜서 파리를 잡는 자신의 일을 열심히 할 뿐이다. 그러나 유충이 성숙해 가면, 거미는 '좀비 마인드 컨트롤'을 당하게 된다. 거미는 한마디로 노예가 되어 평상시의 거미줄 패턴이 아닌 다른 모양의 거미줄을 짜게 되는 것이다. 와습 유충이 꿈꾸는 이상적인 고치 모양으로 말이다. 유충이 땅에 떨어지지 않도록 높은 단이 있고, 궂은 날씨로부터 보호하기 위해 덮개도 있는. 말하자면 거미는 와습에게 건축가이자 디자이너인 셈이다. 이렇게 특별 주문

제작한 거미줄이 완성되면, 유충은 거미의 몸을 파고들어 죽인 후, 거미줄에 자신만의 고치를 계속해서 완성해 나간다.

거미의 줄 짜기를 방해하는 건 좀비 와습에겐 별 대수롭지 않은 일이다. 작고 예쁜 모습을 한, 하지만 무시무시한 보석와습jewel wasp의 예를 들어 보자. 이 기생와습은 겨우 몇 밀리미터 크기밖에 되지 않지만, 살아 있는 바퀴벌레에게 좀비 컨트롤을 시전해서, 바퀴벌레의 몸 안에 둥지를 튼다. 숙주인 바퀴벌레가 훨씬 더 크고 튼튼한데도 말이다. 이 과정은 뭔가 역겨우면서도 경이로운 광경을 자아낸다. 우선, 보석와습은 피해자를 유심히 선택한다. 몸집으로는 바퀴벌레를 도저히 제압할 수 없기 때문에, 뉴로톡신과 '마인드 컨트롤'을 이용하는 것이다. 인간이라면 도저히 이 정도 경지에 오를 수 없을 것이다. 심지어 화이트 워커조차 경이롭게 생각하지 않을까(뭐, 물론 그러진 않을 거다. 꽁꽁 얼어붙은 악의 소굴에서 빠져나와 동물학자인 데이비드 아텐버러David Attenborough의 다큐멘터리 영상을 감상할 리는 없을 테니).

와습이 바퀴벌레에 쏘는 첫 벌침은 바퀴벌레의 앞다리를 찌그러트려서 도망가지 못하게 한다. 두 번째 벌침은 바퀴벌레의 뇌에서 몸의 움직임을 담당하는 부분에 놀랍도록 정확하게 가해진다. 이 부분은 (우리가 바퀴벌레에 대해 이렇게 말할 수 있을지는 모르지만) 바퀴벌레의 '자유의지'도 담당하는 부분이다. 과학자들은 이 시점의 바퀴벌레를 손에 넣는다면 좀비화를 억제할 수 있는 백신까지 개발할 수 있다고 말한다. 그러니, 아직은 바퀴벌레에게 희망이 있는 셈이다.

그럼에도 여전히 와습은 바퀴벌레에 비해 너무나 작다. 따라서 바퀴벌레를 직접 끌어서 옮긴다는 건 전혀 불가능하다. 대신 와습은 바퀴벌레의 더듬이를 덥석 물어서 자신이 옮겨다 놓고 싶은 자리로 움직이게 한다. 마치 개 줄을 잡아당겨서 개를 움직이는 것처럼 말이다. (몇몇 과학자들은 이것이 와습이 바퀴벌레의 핏속에 자신의 뉴로톡신이 얼마나 잘 돌고 있는지를 '맛보는' 과정이기도 하다고 추측한다. 물론 증명된 이야기는 아니다. 그러나 와습의 이 행동은 숙련된 뇌 외과 의사도 울고 갈 만큼 훨씬 더 세련되고 정교한 셈이다.)

화이트 워커와 망령의 관계에서처럼, 아직까지는 바퀴벌레가 스스로 움직일 수 있다. 그저 와습 주인님의 지시 전에는 움직이고자 하는 의지를 잃는 것이다. 어쨌든 와습은 자신이 육아실로 정해 놓은 장소에 바퀴벌레와 함께 도착하면, 바퀴벌레의 몸에 구멍을 뚫기 시작한다(기생와습에게는 이 행위가 마치 육아실의 벽을 분홍이나 파랑으로 칠하는 정도의 의미일 거다). 그러고는 바퀴벌레 몸통의 밑바닥에 알을 낳는 것이다. 바퀴벌레는 심지어 '나도 여기가 좋아'라고 생각하는지 조금도 옴짝달싹하지 않는다. 마치 잘린 사지로도 여전히 화이트 워커의 뜻을 수행하는 좀비들처럼. 영영 자신이 파괴되는 마지막 순간까지 말이다. 바퀴벌레도 자기의 몸 마지막 한 부분까지도 와습의 새끼들을 돌보는 데 희생한다. 이윽고 와습의 알이 부화하면, 유충은 바퀴벌레의 불평 없는 몸에 머리부터 파고든다. 배고프고 까다로운 유충은 숙주인 바퀴벌레의 흉부에 저장된 영양 성분을 조심스레 먹어치운다. 바퀴벌레의 주요 장기는 마지막 순간까지 남기고 먹기 때문에(마치 피자의 도우 끝부분을 먹어치우듯 장기 주변을 아주 세심하게 우적거리며 먹는다) 좀비화된 바퀴벌레는 반항도 하지 못한 채 꽤 오래 살아남는다. 그러던 어느 날, 와습 유충이 맛있는 바퀴벌레 먹이 덕에 충분히 크고 강해지면, 드디어 바퀴벌레의 몸을 뚫고 나오는 것이다. 그러고는 날개를 가볍게 털며 날아가 버린다. 그제야 자신의 목적을 훌륭히 수행한(아침, 점심, 저녁에 차까지 제공하며) 바퀴벌레는 운명을 다하게 되는 것이다.

한편, 몇몇 기생충들은 뛰어난 유머감각과 더불어 무자비한 잔인성을 드러낸다. 기생 선충nematode(실 같은 원통형 몸을 가진 선형동물)의 예를 들어 보자. 기생 선충은 개미를 감염시키지만 마인드 컨트롤을 하지는 않는다. 다만 개미의 엉덩이를 크고 빨갛게 만들어놓을 뿐이다. 일단 감염된 개미들은 지나가던 새에게 발견된다. 새는 이 유머를 이해하지 못하고 개미의 감염된 몸통을 맛있는 산딸기라고 착각한다. 움직이고 다리가 있으며, 줄지어 움직이는 온전한 개미들 옆에서 뒤

뚱뒤뚱 거리는 산딸기라고. 글쎄, 새가 바쁘고 배고프면 산딸기를 제대로 쳐다보지 않기 마련이니까. 새들은 이 맛있는 젤리 같은 산딸기를 늘 노리는 법이다. 그리하여 기생 선충의 알이 새의 뱃속으로 들어가게 되고, 새가 변을 봄으로써 기생 선충의 알은 널리 퍼지게 되는 것이다. 이렇게 퍼진 기생 선충은 또 다시 개미들의 엉덩이를 노리고 말이다.

이러한 좀비화는 얼음과 불의 세계에서 숲속의 아이들Children of Forest 그리고 화이트 워커와 망령들 사이의 복잡한 관계와 비슷한 면이 있다. 〈왕좌의 게임〉 시즌 6에서 드러났듯이, 숲속의 아이들은 원래 화이트 워커를 탄생시킨 장본인들이다. 그 이유는 자신들의 나라를 침범하는 '최초인들First Men'에 대항하기 위해서였다. 즉, 숲속의 아이들이 최초인들 몇 명을 잡아서 평범한 인간에서 화이트 워커로 탈바꿈시킨 것이다. 드래곤글라스dragonglass를 특수한 방법으로 찔러 넣어서 말이다.(이 대목은 보석와습을 떠올리게 하는 부분이 있다. 기생와습은 바퀴벌레에 벌침을 찔러 넣음으로써 자신의 새끼를 보호하도록 만드니까. 조그마한 와습이나 숲속의 아이들이나 자신보다 강한 상대를 조종함으로써 자신의 뜻을 펼치고, 미래를 보호하려고 하는 것이다.) 그러던 중, 어느 시점 숲속의 아이들은 화이트 워커에 대한 컨트롤을 상실한다. 이에 화이트 워커는 자신들만의 좀비 노예인 망령들을 양산하기 시작한 것이다. 그리고 이 망령들을 상대로 한결 더 큰 조종력을 발휘하게 된 것이다.

미국 텍사스의 라이스대학 생물학과에서 기생충의 숙주에 대한 조종 행동 관련 연구를 하는 헉슬리 펠로우Huxley Fellow 연구원인 켈리 위너스미스Kelly Weinersmith 박사와 얘기를 나눴다. 우리 세상에 존재하는 이 교묘한 기생 행동에 대한 심층적 이해가 연구의 목표이다. 위너스미스 박사는 여러 다양한 기생충들의 행동과 궁극적 목적을 두 종류로 나누어 설명한다. 첫 번째는 '교묘한 조종'이고 두 번째는 '철저한 좀비화'이다.

"열대에 사는 기생충들은 자기들의 몇몇 숙주가 먹이 사슬 위에 존재하는 또 다른 숙주들에 잡아 먹혀야 널리 퍼질 수가 있어요. (앞서 살펴본) 기생 선충은 개미의 복부가 필요한데, 새에게 잡혀 먹히기 위해서죠. 기생 선충과 같은 기생충들은 자신의 숙주가 아주 특정한 방법으로 죽어야만 하는 거예요. 그 외의 방법으로 죽었다간, 숙주와 기생충 모두 다 죽을 수가 있거든요." 위너스미스 박사는 이렇게 말하며, 다음과 같이 덧붙였다. "기생충들은 숙주들이 대체로 '정상적으로' 행동하도록 내버려둡니다. 그래야 적절한 상위 포식자들에 의해 잡혀 먹힐 확률이 높아지거든요. 자연선택의 법칙에 의해 기생충들은 자기들을 가장 잘 생존하게 돕는 숙주를 선택하는 경향이 있기 때문이죠."

한편, 포식 기생충parasitoids은 희생 대상을 철저히 좀비로 탈바꿈시킬 가능성이 많다. 마치 자신의 좀비 노예인 망령들을 무자비하게 조종하는 화이트 워커들처럼 말이다. 화이트 워커가 망령들의 일거수일

투족을 조종하듯이, 포식 기생충도 모든 것을 컨트롤해야 성에 차는 것이다. 위너스미스 박사는 자신의 동료인 셸리 아다모Shelley Adamo 교수를 인용해 이렇게 말한다. "포식 기생충은 진화 과정에서 탄생한 신경생물학자예요." 인간 신경생물학자들이 하지 못하는 일까지도 해내기 때문이다(더군다나 최선의 결과를 내기까지 한다). 《스미소니언 매거진Smithonian magazine》에서 촬영한 인터뷰 동영상에서 위너스미스 박사는 미세한 곰팡이가 숙주인 거미를 컨트롤하는 경이로운 방법에 대해 소개한다. 곰팡이는 우선 한 식물의 정확히 25센티미터가 되는 높이에 개미가 올라가도록 유도한 후, 잎의 북북서 방향으로 이동해 잎맥에 다가가게끔 조종한다. 그것도 정확히 태양이 정오를 가리키는 시간에 말이다. 이를 들은 청중들은 놀라움에 "와" 하고 감탄했다. 위너스미스 박사가 말한다. "정말 놀랍지요. 여러분이 그게 얼마나 구체적인 작업인지 감탄을 못 하신다면, 제가 앞으로 할 얘기가 재미없을 거예요." 다시, 앞서 말한 포식 기생충인 와습과 바퀴벌레의 예로 돌아가 보자. 와습은 숙주인 바퀴벌레의 행동을 컨트롤해서 어딘가에 바퀴벌레를 숨겨 놓는다. 포식자에게 바퀴벌레가 잡아먹히지 않게 하려는 거다. 와습의 알은 바퀴벌레 안에서 부화해서 바퀴벌레의 내장을 섭취한다. 그런 뒤, 와습은 특정 시기에 바퀴벌레를 살해한다(이를테면 산 채로 잡아먹는다든가 해서). 위너스미스 박사는 이렇게 추측한다. "여기서 중요한 진화론적 차이는 포식 기생충은 숙주의 생명까지도 조종하지만, 열대에 사는 기생충들은 적절한 상위 포식자가 나타날 때까지 숙주를 붙잡고 있다는 거겠지요."

이런 기생충의 조종 방법은 그 자체로도 매우 흥미롭다. 하지만 미래에 인간을 위한 신약 개발에 놀라운 가능성을 내포하기도 한다. 여태껏 살펴봤듯이, 기생충들은 숙주들의 뇌에 영향을 미쳐서 조종하는 데 능하다. 예를 들면, 숙주의 혈액뇌장벽blood-brain barrier(유해물질이 뇌 속으로 침입하는 것을 막아주는 수단으로 존재하는 뇌의 막)에 영향을 미치는 것이다. 위너스미스 박사가 연구한 생선의 기생동물은 숙주에게 놀랍도록 '평온한' 효과를 미치는 것으로 밝혀졌다. 숙주가 스트레스를 받는 것을 예방하는 것이다. 이 '평온한 효과'가 언젠가 인간을 위한 더 나은 항우울제 개발에 영향을 미칠 수 있을까? 물론 가능한 일이라고 위너스미스는 주장한다. 좀비 호러 영화에 나올 듯한 사악한 마인드 컨트롤에 집중하는 것도 좋지만, 이런 매우 유능한 조종자들로부터 배울 점도 있는 것이다. 그러면 언젠가 우리는 고통의 증가가 아닌, 감소의 길로 성큼 다가갈 수도 있을 거다.

기생충 골드러시

신기하게도, 모두가 다 위와 같은 기생행동에 식겁하는 건 아니다. 오히려 이를 더 발달시키려는 사람들도 있다. 최근 전 세계적으로 소비되는 동충하초, 혹은 '야사 군부yartsa gunbu'라 일컫는 나방 애벌레 곰팡이moth larva fungus가 그 좋은 예다. 동충하초는 또한 '히말라야 비아그라'라 불리기도 한다(사실 이름만 봐서는 효과가 매우 좋을 것 같지만,

극적인 효과보다는 극적인 장소 때문에 붙여진 이름이다). 동충하초는 지하를 기어 다니는 애벌레가 기생 곰팡이에 감염될 때 생성된다. 이 감염에 의해 애벌레는 미라처럼 변하고, 기생 곰팡이는 무기력한 숙주의 머리를 수직으로 박차고 나와 끝내 터뜨리는 것이다(이제 모두 알듯이, 이게 기생충의 대표적인 행동이다). 동충하초는 중국과 티베트의 전통 의학에서 암 치료제와 최음제로 사용되어 왔다. 몇 년 전 보고에 따르면 겨우 500그램의 동충하초가 티베트의 도시 라싸Lhasa에서는 1만 3,000달러에, 중국 상하이에선 그 두 배의 값에 팔린다고 한다. 한편, 미국 여배우인 기네스 펠트로Gwyneth Paltrow의 일상생활을 담은 웹사이트인 굽 닷컴goop.com에서는 동충하초가 아침식사용 스무디 재료로 소개된 적도 있다.

얼음 속의 비밀

웨스터로스의 북쪽인 영원한 겨울의 나라처럼 우리의 세상에서도 극한 지방에는 온갖 비밀이 담겨 있다. 남극대륙에서 일하는 과학자들은 균형이 잘 잡힌 드릴로 빙하와 얼음장 밑을 3킬로미터까지 뚫을 수 있다. 그리하여 빙하코어ice core라 불리는 얼음 막대기를 추출하는 것이다. 여태껏 발견되지 않은 역사의 단면을 한눈에 살펴보기 위해서다. 이러한 빙하코어는 우리에게 약 80만 년 전의 역사를 추적할 수 있게끔 해준다. 심지어 언젠가는 100만 년 전의 역사도 보게 해줄 거라는 기대도 있다.

영국 개방대학The Open University의 환경과학 강사인 탐신 에드워즈Tamsin Edwards와 대화를 나눠 보았다. 그녀는 마침 영국 남극자연환경 연구소의 실험실에서 막 돌아온 참이었다. 에드워즈의 트위터에는 그녀가 거칠게 잘린 작은 얼음 조각을 귀 근처에 대고 매우 행복한 미소를 짓는 사진이 올라와 있다. 남극자연환경 연구소에서는 자루 하나 가득히 남은 빙하코어 조각을 담았는데, 연구소의 방문객들이 이를 귀에 대고 소리를 들을 수 있게 해놓았다. 빙하코어 조각이 인간의 체온 가까이 노출되면, 얼음 안에 갇혀 있던 고대의 공기가 바람 빠지는 소리를 내며 삐져나오기 때문이다. 매머드나 고대 그리스인, 주름 옷깃을 두른 엘리자베스 시대 사람들이 걸어 다니던 시대의 가스가 오랫동안 차가운 구속을 견딘 끝에 다시 대기 중에 자유롭게 퍼져나가는 거다. 에드워즈는 빙하 전문가다운 눈빛으로 이렇게 강조했다. "정말 아름다운 얼음 조각이에요. 완벽하게 맑지요. 수많은 동일 모양의 공기방울로 가득 차 있기도 하고요."

과학자들은 빙하코어 속에 갇힌 공기방울의 구성성분을 분석함으로써 지구 대기 역사에 대한 기록을 훑어본다.

빙하 속에는 충격을 받아 쓰러진 눈이 층층이 쌓여 있다. 따라서 빙하학자들에게 눈 층의 크기는 마치 나무의 나이테로 과거의 기후와 자연을 연구하는 연륜연대학자dendrochronologist에게 나이테와 같은 역할을 한다. 빙하는 특별한 해에 눈이 얼마나 왔는지를 우리에게 말해 주는 것이다. 또한 폭신한 눈이 또다시 폭신한 눈 위에 쌓일 때 함께 갇힌 미량의 가스 및 먼지와 파편 입자가 빙하가 생성되던 시기의 주변 환경에 대해 많은 것을 알려 준다.

빙하 생성 장소 근처의 초목 덕에 고대의 꽃가루가 빙하코어 속에 갇히기도 한다. 기후학자들은 이런 꽃가루를 통해 어느 방향으로 바람이 불었었는지도 알아낼 수 있다고 한다. 게다가 꽃가루에서는 다른 환경에 사는 생물체에 의한 폐기물이 날아온 것도 발견된다. 비슷하게, 격렬한 화살 폭발로 인해 화산재 층과 미세한 화산유리volcanic glass 조각들이 얼음 결정 속에 남게 된다. 그리하여 인류의 역사가 기록되기 이전의 지각 변동에 대해 알 수 있는 것이다.

에드워즈 박사는 오래전에 얼음장 속으로 날아온 후, 얼음장 속에 영영 갇혀 버린 납이 섞인 먼지를 측정하는 데이터를 내게 보여 주었다. 여러분들도 필자처럼 집안 청소를 싫어하거나 청소에 소질이 없는가? 그렇다면, 예를 들어 손님이 오기 직전 청소를 하다 발견한 먼지를 통해 매우 많은 정보를 알아낼 수 있을 것이다. 물론 그 정보의 양이 이 빙하코어에 담긴 것과 비교는 되지 않겠지만 말이다.

기후학자들은 인간이 회취법cupellation(약 기원전 500년부터 금속 노동자들이 사용한 비천 금속base metal으로부터 금 및 은을 추출하는 방법)을 발견한 시기도 알아낼 수 있다고 한다. 예를 들어 고대 그리스와 로마 제국에 이은 고대 산업화의 최고조시기에 동전이 널리 사용됐을 때는 빙하 속의 얼어붙은 납 먼지 양이 증가함을 볼 수 있다. 그러다가 로마 제국의 납 광산이 고갈되고, 마침내 로마 제국이 멸망하는 시기가 되면 급격히 납 먼지 양이 감소하는 것이다.

북극의 빙하코어 속에 갇힌 가스 버블을 통해 에드워즈와 같은 과학자들은 먼 옛날의 대기 중 이산화탄소를 비롯한 기타 온실가스들의 레벨을 분석한다. 심지어 애초에 이 가스들이 어떻게 조합되었는지도 파악 가능하다. 탄소 원자들은 과거의 시간과 장소들을 기억해내는 훌륭한 이야기꾼이기 때문이다. 예를 들면, 여러 종류의 경수소hydrogen atoms의 비율을 측정함으로써, 과학자들은 특정 산소가 생명체로부터 나온 것인지, 아니면 19세기에 산업혁명이 한창일 때의 화석 연료에서 발생된 것인지를 구분해낸다. 즉, 빙하코어 한 조각마다 각자 몸담고 있던 세계에 대해서 알려주는 것이다. 당시의 기후는 어떠했으며, 지구의 얼음 양은 어느 정도였는지 등등.

기후학자들은 이러한 정보를 모두 취합해서 유명한 톱니바퀴 모양의 기후 변화 모델을 만든다. 이 모델은 지구만의 '얼음과 불의 역사'를 가감 없이 보여준다. 빙하기는 매 십만 년 정도마다 한 번씩 오고,

그에 따라 온실가스의 양은 일정한 패턴으로 증감을 반복했다. 그러나 과학기술의 발전이 가속화되고, 인구 및 소비가 증가함에 따라 지난 100년 동안 이산화탄소 분출은 폭발적으로 증가했다. 이런 변화가 아마 인류에게 재앙과 같은 결과를 가져다줄지도 모를 일이다.

기후 변화는 〈왕좌의 게임〉에서도 큰 역할을 차지한다. 조지 마틴은 2013년에 알자지라 아메리카 방송에서 이렇게 말했다. "기후 변화는 결국 전 세계에 큰 위협으로 다가올 겁니다. 하지만 사람들은 이를 그저 정치적인 이슈 정도로 치부해 버리죠…. 그저 다 함께 힘을 합치면 이길 수 있을 거라고요. 기후 변화는 실은 인류를 완전히 제거해 버릴 수 있는 무서운 힘이 있어요. 그래서 저는 현재 우리의 상황에 빗대었다기보다는, 소설의 전체적인 구조적 장치로 기후 변화를 이용해 보고 싶었습니다."

우리의 세상에서 정치인들과 지도자들은 서로 티격태격하고, 전쟁을 하느라 정신이 팔려 있다. 극지방 만년설이 녹는 게 얼마나 위험하고 철저히 위협적인지를 무시하는 것이다. 칠왕국에서도 사정은 비슷하다. 여러 귀족 가문들이 서로 옥신각신하느라 장벽 너머 화이트 워커가 몰고 올 얼음장 같은 위협을 등한시하니 말이다.

우리의 세계로 다시 눈을 돌려보자. 에드워즈 박사와 같은 기후학자들은 지구 온난화 논쟁과 연관된 모든 이들에게 자신들의 뜻을 전달하느라 열심이다. 우리가 지구 온난화에 대해 모르는 것이 무엇인지, 예측 모델이 얼마나 점점 더 복잡해지는지, 또한 기후 변화가 내포하는 위험 요소와 기회는 무엇인지 등을 알리는 것이다. 물론 지구 온난화에 대한 개인 견해가 어떻든, 북극 빙하코어의 아름다움에 매료되지 않기란 쉽지 않다. 빙하 속 고대 먼지에 대 제국의 흥망성쇠가 담겨 있고, 지구 끝 사람이 살지 않던 대륙 깊숙한 곳의 물과 가스가 얼어 있으니 말이다.

제 6 장

장벽 속의 또 다른 얼음 벽돌

벽을 세우라

인류사의 많은 갈등에 대한 해답은 '벽을 세우라'는 것이었다. 예를 들어 로마에서는 하드리아누스 성벽Hardrian's Wall을 매우 높이 쌓아서 귀찮은 조르디인Geordies(잉글랜드 북동부 타인사이드Tynside 거주 민족)이나 스코틀랜드인을 쫓아내 버렸다. 웨스터로스에서도 비슷하다. 장벽을 쌓아 죽은 말을 타고 호령하는 화이트 워커들과 벌떼처럼 일어나는 좀비 망령들을 쫓아 버렸으니까.

〈왕좌의 게임〉 속 장벽은 약 200미터 높이로(빅벤Big Ben 시계 두 개를 겹쳐 올린 높이를 생각하면 된다), 지은 지 8,000년이 되었다고 한다. 아무도 정확히 누가 이 장벽을 세웠는지 모른다. 스타크 가의 선조와 거인들이 이 장벽을 쌓는 데 연관되었다는 걸 빼고는 말이다. 확실한 한 가지는 이 장벽이 스타크 가와 그 동맹 가문들을 북쪽의 무법자들인 자유민들과 영원한 겨울의 나라로부터 갈라놓는 역할을 한다는 것이다.

장벽은 판타지 소설 건축 기준으로도 드물게 아름다운 장관을 이룬다(드라마에서는 무대 장치 팀이 장벽을 덮은 가짜 눈에 바다 소금을 섞어서 반짝거리게 했다 한다. 장벽 안에 녹아 있는 마법의 느낌을 발산하기 위해서다). 하지만 마법을 떼어 놓고 생각하면 어떨까? 아마도 진흙으로 된 바닥에 얼음을 장벽처럼 높게 쌓아 올린(정말 그렇게 만들어졌다) 고층 건축물은 중력의 영향을 받지 않을 수 없을 것이다. 미국의 잡지《와이어드WIRED》는 건축기사 여러 명에게 구조물로서 장벽의 실현 가능성을 물어본 적이 있다. 그런데 그 예후가 좋지 않다는 답이 돌아왔다. 얼음이 좋은 방어 재료라고는 했다. 그래서 〈왕좌의 게임〉 속 여러 중세 시대 스타일 무기들이 쏟아져도 버텨낼 거라고. 그러나 영하의 온도에서조차 얼음으로 만든 장벽이라면 자체의 거대한 무게에 짓이겨져서 모양이 변형될 것이라는 이야기였다. 장벽의 맨 꼭대기 층이 아래로 눌리면서, 맨 아래층은 툭 불거져 나오기 마련이다. 이는 빙하가 비탈 아래로만 흘러가는 원리와 비슷하다. 이런 사태를 막으려면 장벽을 경사지 위에 세우는 게 제격이다. 그러나 200미터나 되는 높이의 벽을 세우려면, 경사지의 넓이가 족히 그 40배는 돼야 할 것이다. 장벽이 아니라 마치 아이스링크 같지 않은가.

소리를 발산하기

하지만 〈왕좌의 게임〉 속 세상에서조차 장벽이 영원히 무너지지 않는 건 아니다. 이그리트는 존 스노우가 가진 마법의 도구인 겨울의 뿔나팔에 대해 언급한 바 있다. 이 뿔나팔을 불면, 벽과 이에 녹아 있는 몇 천 년의 역사가 순식간에 우르르 무너져 내린다는 것이다. 야인들은 이 뿔나팔을 오랫동안 찾아 헤맸다. 썩어가는 무덤 속의 고대 뼈들을 뒤져 가면서. 야인들에게는 남쪽 웨스터로스 왕국으로 밀고 내려가기 위한 최후의 무기이기 때문이다. 이그리트는 이 뿔나팔의 힘이 무척 강력하다고 설명했다. 잠자는 거인들도 깨울 정도라고(사실 웨스터로스 전역에서 모든 등장인물들이 여러 이유로 마법 뿔나팔을 찾고 싶어 한다. 소설 속에서는 강철군도의 지도자인 유론 그레이조이가 적어도 마법 뿔나팔을 한 개는 갖고 있다고 했다. 그는 뿔나팔이 드래곤을 길들이는 힘을 갖고 있기에 대니와 칠왕국을 굴복시킬 거라 믿는다).

그런데 현실 세상에서 막대한 힘을 지닌 뿔나팔이 있다면 어떨까?

『성경』에는 어린이들이 무척 좋아하는 여호수아와 여리고 성 이야기가 나온다. 여호수아는 모세의 부사령관 역을 맡은 젊은이로 『성경』 속 가장 유명한 전사라 해도 과언이 아니다. 또, 여호수아는 강한 뿔나팔 소리의 신봉자이기도 했나 보다. 가나안의 도시인 여리고를 포위하면서, 그는 이스라엘의 성직자들에게 쇼파르Shofar(숫양의 뿔로 만든 악기로 마치 트럼펫처럼 불 수 있으며 오늘날에도 유대교 회당에서 사용된다. 물론 여호수아처럼 극적인 일에 쓰지는 않을 것이다)를 불어 달라고 간청했다. 그리고 나머지 유대인들에게는 큰소리로 함성을 질러서 도시의 방어벽을 무너뜨리자고 한 것이다. 사람들은 기꺼이 여호수아의 말을 따랐다.

건축가들은 역사적인 도시 여리고에서 있었던 여호수아의 '나팔 소리의 승리'에 대한 증거를 찾는 데 애를 먹었다. 그러던 중, 1990년대에 미국의 교육방송인 TLC에서 드디어 심층 조사를 해야 될 시간이 왔다고 결정을 내렸다. '아무리 목적의식이 충만한 성직자라도 과연 그렇게 뿔나팔을 불 수 있을 정도로 폐활량이 클까?'라는 의문을 품은 것이다. 방송에서는 그런 소음을 내는 악기가 여호수아 무리의 요구대로 움직여줄지를 실험해 보기로 했다. 그리하여 캘리포니아 소재 와일 연구소Wyle Laboratories에 요청해 벽돌로 만든 작은 벽을 세우기로 하였다. 그리고 그 앞에 가능한 가장 큰 스피커를 세워 두었다. 와일 연구소에서는 WAS 3000이라 불리는 일반 가정용 하이파이 스피커보다 약 만 배 정도 더 큰 소리를 발산하는 스피커를 제작했다. 소리를 내고 약 6분 정도 흐르자 벽돌로 만든 벽은 함락되었다. 소리의 벽인 스피커 앞에서 우르르 무너지고 만 것이다. 물론 와일의 스피커 기술이 여호수아가 살던 청동기 시대 말기에도 유효했다는 이야기는 아니다. 그래도 이 실험은 시사하는 바가 크다.

소리는 강력한 힘을 지닌 게 사실이다. 영화 속에서 때아닌 큰 소음이나 고함이 파괴적인 산사태를 불러일으키는 장면을 모두 본 적이 있을 것이다. 그런데 실제로 이런 일이 생길 수 있을까? 소리라는 게, 무기가 될 정도로 강력한 것일까?

♫ DERRR
DUUURGH
DER DER DUHHH
DER DER DUHH ♫

어쩌면 천재적인 영국의 여가수 케이트 부시Kate Bush는 노래 〈익스페리먼트 Ⅳ〉의 뮤직비디오에서 이를 증명해 보인 건지도 모른다. 뮤직비디오에서는 사악한 군 지휘관(공교롭게도 이 역은 〈왕좌의 게임〉 속 존 스노우와 샘웰 탈리의 친구인 마에스터 애몬Aemon 역의 배우 피터 본햄Peter Vaughan이 맡았다)이 과학자들을 교묘히 설득해서 멀리서도 사람을 죽일 수 있는 소리를 개발하도록 지시한다. 사실 이런 무기를 개발 중이거나, 심지어 현존할지도 모른다는 소문도 항상 있었다.

한편, '초超저주파 불가청음'은 대개 진동수가 20헤르츠 미만의 소리를 일컫는다(인간 청력 한계의 바로 밑에 위치한다). 이 소리는 이를테면 파도나 지진의 소리처럼 자연 발생하기도 한다. 1883년에 인도네시아 남서부의 크라카타우Krakatoa 활화산이 폭발했을 때는 지구를 몇 바퀴나 도는 초저주파 불가청음이 발생하기도 했다.

1960년대에 나사NASA는 이런 초저주파 불가청음이 인간의 호흡을 곤란하게 한다는 사실을 발견했다. 또, 두통을 유발하고, 한 바탕 기침을 일으키기도 하는 것이었다. 게다가 작은 물체를 움직이기도 하고, 촛불을 깜빡거리게도 했다. 심지어 유령이 출몰한다고 소문난 집의 심령현상도 그 때문일지 모른다고 연구자들은 추측했다. 더 위협적인 차원도 있었다. 군 관계자들이 이런 불가청음이 음향 무기acoustic weaponry의 자원이 될지 모른다고 연구에 나선 것이었다. 이런 음향 무기는 이른바 '갈색 음정brown note'이라고 불렸다. 소리의 진동이 듣는 이의 장에 영향을 미쳐 무분별한 배변을 일으키기 때문이었다. 2000년에 나온 미국 애니메이션 〈사우스 파크South Park〉를 보면 라디오 방송국에서 부주의하게 특정 음정을 내보낸 후로 수백만 명이 동시에 장을 비우게 되는 장면이 나오기도 했다.

미국 TV 프로그램들은 소리에 의해 무언가 망가지는 장면을 항상 좋아했던 모양이다. 과학 쇼인 〈미쓰버스터즈MythBusters〉에서는 사람들에게 높은 레벨의 초저주파 불가청음을 들려준 뒤, 가장 큰 부작용이 '메슥거리는 기분'뿐임을 밝혀냈다. 그러니, 불가청음을 쏜다고 해도 아직 크게 걱정할 단계는 아니지 않나 싶다.

불행한 고양이들을 위한 협주곡

17세기 독일 발명가이자 학자인 아타나시우스 키르허Athanasius Kircher는 소리와 화음의 힘을 보여 주는 여러 기묘한 기계들을 발명했다. 1600년대에 그는 왕궁의 벽에 거대한 귀 모양의 트럼펫을 박아 넣을 생각을 했다. 그런가 하면 자동화에 의해 말을 하는 인간의 머리 모형을 고안하기도 했다. 하지만 그중에서도 가장 섬뜩한 발명품은 '카젠클라비어katzenklavier'라는 고양이들로 만든 피아노였다. 정말 특이하지 않은가. 카젠클라비어는 피아노 키보드에 일곱에서 아홉 마리의 고양이들이 들어 있는 우리를 이어 놓은 모양이다. 각각 고양이들의 꼬리는 끝이 뾰족한 망치가 달린 피아노 키에 묶여 있다. 가엾은 고양이들은 서로 톤이 다른 야옹 소리를 내게 되어 있다(별로 듣기 좋은 소리는 아니었을 것이다). 한 음정이 연주될 때마다 고양이들은 꼬리를 귀찮게 하는 힘에 못 이겨 시끄럽게 반응하는 것이다. 그 결과 한바탕의 야옹거리는 멜로디가 탄생한다.

다행히도 키르허는 고양이 피아노를 실제로 만들지는 않았다. 게다가 그의 괴짜 같은 면모에도 불구하고 오늘날 위대한 지성인으로 여겨지고 있다. 『브리태니커 백과사전』은 다양한 지식을 섭렵한 키르허를 "일인 지식 어음 교환소"와 같다며 치켜세우기도 했다. 『브리태니커 백과사전』 편집인들이 개를 고양이보다 선호했는지는 모를 일이지만 말이다. 키르허가 고양이 피아노를 고안한 이유가 '우울한 왕자들'을 위한 특이한 웃음 처방전이 필요했기 때문이라는 이야기가 있다. 우울함에 빠진 왕자들을 놀라게 해 웃음을 자아내게 하는 것이다. 그 왕자가 조프리라면 정말 말이 되는 얘기다. 물론 조프리의 남동생이자 정식 후계자가 된 토멘Tommen처럼 고양이를 사랑하는 소년이라면 얘기가 틀리지만. 토멘은 파운스 경Sir Pounce이라 불리는 고양이를 기르는 자랑스러운 고양이 집사였으니 말이다(게다가 보너스로 부츠Boots와 레이디 위스커스Lady Whiskers라 불리는 새끼 고양이들도 길렀다).

그런데 전쟁과 대량살상이 난무한 웨스터로스나 중세시대에 누가 이런 장난스러운 고양이 이름이나 붙이고 있었을지, 갑자기 궁금하지 않은가? 유니버시티 칼리지 런던의 중세 연구가인 케이틀린 워커마이클Kathleen Walker-Meikle에 따르면, 사실 중세시대에 가장 흔한 고양이 이름은 다소 딱딱한 길버트Gilbert였다고 한다. 한 아일랜드의 수도승은 자신의 사랑스러운 하얀 고양이 팡거 반Pangur Bán(아름다운 천을 다듬는 직공이라는 뜻)에 대한 시를 남기기도 했다. 또한, 1300년대에는 볼리에Beaulieu 수도원에서 쥐를 마냥 쫓아다니는 마이트Mite라는 고양이 얘기도 널리 알려졌었다(당시에 개의 이름으로 적합하다고 여겨졌던 이름들은 트로이Troy, 브라게Bragge, 또 특이하게 노즈와이즈Nosewise 등이 있다).

드래곤의 뿔나팔

고양이 피아노의 일화에서 보듯, 동물들은 기이한 소리를 내도록 훈련을 받을 수도 있다. 그렇다면 동물들은 자신의 귀에 들리는 소리에 얼마나 반응을 잘할까? 최근의 연구에 따르면 다양한 동물들—고래, 코끼리, 오징어, 뿔닭guinea fowl, 코뿔소 등—이 모두 저주파에 민감하다고 한다. 그리고 이런 동물들은 일종의 자체 수중 음향표정장치sonar를 이용해서 다른 지역으로 이주하고, 넓은 공간 속에서 서로 간에 의사소통도 한다는 것이다. 예를 들어 고래는 소리나 발성을 이용해서 넓은 바다 너머로 서로 간에 요구를 전달한다고 한다. 안타깝게도 고래의 고주파로 혀를 차는 소리와 휘파람 소리가 무슨 뜻인지는 거의 알려지지 않았지만 말이다.

그런데 인간도 동물에게 말을 하고, 끙끙대거나 꽥꽥대서 의사소통할 수 있을까? 바로 이 질문을 19세기의 영국의 또 다른 엉뚱한 과학자 프랜시스 골턴Francis Galton이 던졌다. 그도 키르허만큼이나 별별 것에 다 의문을 가졌던 모양이다. 빅토리아 시대의 박식가였던 골턴은 만약 눈물겹도록 지독한 인종우월주의자가 아니었다면, 오늘날 훨씬 더 사람들의 인정을 받았을 거다. 그는 우생학(인류의 유전학적 개선을 목표로 한 학문)의 시조로 널리 알려져 있다. 어쨌든, 지금은 골턴이 연구했던 개들에 대해 집중해 보기로 하자.

말한 대로 골턴은 여러 특이 관심사를 가졌다. 예를 들어 강의나 대중 행사에서 청중이 지겨워하는 정도를 관찰한 뒤, '지루함 측정법'을 고안해 냈다. 또한, 대학생이었을 때는 자신이 '패기 소생기[Gumption Reviver]'라고 이름 붙인 일종의 휴대용 수도꼭지를 졸린 학생들의 머리 위에 대서 정신 집중을 유도하기도 했다. 그러다가 급기야 1880년대 초에는 자신의 지팡이 끝에 초음파 호루라기를 달고 런던 동물원을 돌아다니기에 이른다. 자신이 호루라기 소리를 낼 때마다 반응하는 동물들이 있는지 예의주시하면서 말이다. 골턴은 이렇게 보고했다고 한다. "나의 답사가 개 집단에 불가피한 호기심을 불러일으킨 것으로 보인다. 범상치 않은 소란이 야기된 것을 보면 말이다."

골턴의 실험대로, 반려견에게 호루라기를 불어 주면 잠시 동안 당신을 신기하다는 듯이 쳐다보는 걸 알 수 있다. 물론 금세 다시 나무 그루터기나 킁킁거리겠지만. 〈왕좌의 게임〉에서 이와 가장 비슷한 경우는 유론 그레이조이의 드래곤 뿔나팔이다. 그는 수년이 지난 뒤 이 드래곤 뿔나팔을 들고 강철군도로 귀환한다.

테온과 야라 그레이조이의 약탈자 삼촌인 유론 그레이조이는 고대 드래곤 왕들의 고향인 발리리아 왕국의 폐허 속에서 드래곤 뿔나팔을 찾았다고 주장한다. 문제의 뿔나팔은 붉은 금색 띠로 둘러져 있으며, 발리리안 강철로 된 부분은 마법으로 새겨진 무늬가 있다. 한편, 앞서 대니는 자신의 드래곤들이 대중 앞에서 예의를 차리게 하는 데 상당한 애를 먹었다(그리고 타인의 자녀를 잡아먹지 못하게 하는 데도). 그럼 유론의 뿔나팔이 과연 이런 문제들을 해결할 수 있다는 걸까?

말하자면 드래곤 뿔나팔은 우아한 버전의 드래곤용 개 호루라기와 비슷한 셈이다. 앞서 호루라기가 개에게 얼마나 유용한지 살펴보지 않았는가. 한편, 비틀즈의 폴 매카트니는 히트곡인 〈생의 하루A Day in Life〉의 끝부분에서 한바탕의 불협화음 소리를 일부러 냈다고 최근 인터뷰에서 말한 바 있다. 오직 비틀즈 팬들의 반려견들을 즐겁게 하기 위해서라는 거다. 소리를 이용해 동물이나 드래곤에게 파괴적인 힘을 불러일으키는 게 가능하다는 증거가 될 수 있지 않겠는가(아니면 적어도 개들에게 비틀즈 노래에 집중하게 할 수는 있을 거다).

벽에 대항하기

'알려진 세계'의 각 지역에서 모인 한 무리의 사람들이 장벽 근처 막사에 모였다. 귀족이건 천민이건 신분의 높고 낮음에 상관없이, 이들은 벽 너머의 야만족으로부터 문명의 국경을 지키리라 맹세했다. 게다가 남쪽의 모든 것을 다스리는 지배자들에게는 절대 '무릎을 꿇지 않겠다'고까지 다짐했다.

위 장면이 웨스터로스의 장벽에서 벌어진 일이라고만 생각할 수도 있겠으나 사실은 아니다. 바로 기원후 122년에 로마인들에 의해 세워진 '하드리아누스 성벽'에서의 한 장면이다. 이 성벽은 로마인들이 자신들이 굴복시키고 정복한 영국 땅, 즉, 대부분의 잉글랜드와 웨일스 지역을 저항세력의 침략으로부터 지키기 위해 세운 것이다. 저항세력은 마지막 순간까지 로마인들의 지배에 강하게 저항했다고 한다.

하드리아누스 성벽은 해안가를 따라 128킬로미터에 달하는 길이로 세워졌다. 잉글랜드 땅의 경계를 둘러싸고 있으며, 스코틀랜드 국경의 바로 남쪽에 자리 잡고 있다. 네모난 벽돌로 층층이 쌓인 성벽은 3미터의 넓이와 5~6미터의 높이로 매우 견고함을 자랑한다. 이 성벽의 일부분이 오늘날까지도 남아 있을 정도다.

조지 마틴은 바로 하드리아누스 성벽에서 〈왕좌의 게임〉 속 장벽의 영감을 얻었다고 밝혔다. 그는 친구와 함께 성벽을 방문했다. 방문 일정이 모두 끝나고, 모든 여행객이 돌아가는 찰나, 조지 마틴은 마치 그 옛날 로마인들이 그랬을 법하게 허허벌판을 하염없이 내다보고 싶은 강한 충동에 사로잡혔다고 한다(그 허허벌판이라는 건 스코틀랜드 지역이었다. 뭐, 무례한 뜻으로 그런 건 아니었을 거다).

조지 마틴은 2015년에 스코틀랜드의 에든버러 도서박람회에 참석했다. 당시 스코틀랜드는 영국의 일부로 남아 있을지, 독립을 할지를 결정하는 투표가 한창이었다. 조지 마틴도 당연히 이에 대한 의견을 밝혀 달라는 청을 받았었다. 그는 중도적인 입장이었다. 실제였다면 그가 찬성 혹은 반대의 어느 쪽에 표를 던졌을는지는 모르지만. 여하튼 어딘가에 거대한 얼음 장벽이라도 세워지는 건 아닌지 스코틀랜드 정부에서 조사해 봐야 하는 건 아닐까.

3부
마법

제 7 장

불을 뿜는 드래곤이 존재했을까

드래곤의 모국어: 언어를 발명하는 마법의 과학

2012년 미국에서 태어난 아기 146명과 영국에서 태어난 아기 50명이 '칼리시[Khaleesi]'로 이름 붙여졌다. 고상한 척하는 이들이라면 딱 질색할 일이 아닌가. 물론 우리 〈왕좌의 게임〉 팬들은 이 이름이 대너리스 타르가르옌을 기리기 위함임을 안다. 대너리스는 '대초원 바다의 칼리시'이자, '용들의 어머니'이고, '미린[Meereen]의 여왕'이기도 하다. 드라마 속 모습만 보면 '거대한 가발을 쓴 자'라는 이름을 하나 더 붙여도 될 듯싶지만. 사실 자녀들 이름으로 TV 쇼에 나오는 유명한 허구적 인물의 이름을 붙이는 건 그다지 새로운 일은 아니다. 20세기 초에는 많은 아이들에게 웬디[Wendy]라는 이름이 붙여졌다. 제임스 매튜 배리J. M. Barrie의 인기 소설 『피터팬』 속 여주인공의 이름을 딴 것이었다. 하지만 이 칼리시라는 이름의 아기천사 과잉 현상은 두 가지 면에서 특히나 흥미롭다. 첫째는 칼리시가 전혀 이름first name이 아니라는 것이다. 칼리시는 사실 지위를 나타낸다. 대강 번역하면 '여왕', 혹은 '칼Khal의 아내'라는 뜻이다. 둘째는 칼리시라는 단어가 완전히 허구인 〈왕좌의 게임〉 속 도트락인의 언어에서 온 것이라는 점이다.

허구의 언어는 그 언어 자체나 그 언어를 대하는 자세에 어딘가 모르게 이상한 구석이 있다. 예를 들어 『반지의 제왕』을 쓴 존 로널드 톨킨J. R. R. Tolkien은 허구의 언어를 한 개씩 만들어 낸 것이 아니라, 마치 영어와 불어처럼 서로 상관관계에 있는 허구의 언어들 여러 개를 만들어 낸 것으로 유명하다. 사람들은 이를 두고 대개 감탄하는 반응을 보였다(어쨌든 톨킨은 유명한 옥스퍼드대학 출신이 아닌가. 어떤 사람들은 『반지의 제왕』이 톨킨이 그동안 갈고 닦은 보석 같은 언어 실력을 뽐내려는 배경에 불과하다고까지 했을 정도다). 그러나 허구의 언어를 창조하려는 다른 시도들은 톨킨의 경우만큼이나 칭송을 받지는 못했다.

허구 속 인물들을 위해 만들어진 초기 언어들 중 하나는 〈스타트렉Star Trek〉 시리즈의 클링곤Klingon이다. 모든 언어가 그러하듯, 클링곤에도 꽤 흥미로운 역사가 있다. 처음 클링곤어의 단어 몇 마디가 나온 것은 〈스타트렉〉 극장판의 첫 시리즈인 "스타트렉: 더 모션 픽쳐"에서였다. 이 클링곤 단어들은 극 중 스카티 역을 맡은 제임스 두

한[James Doohan]이 만들었다고 한다("날 우주선에 전송해 주게, 스카티"라는 커크 선장의 유명한 대사에 나오는 그 스카티이다). 웬만한 배우들에게는 정말 도전적인 과제가 아닐 수 없다. 하지만 제임스 두한은 제2차 세계대전의 노르망디 상륙작전 당시 플로리다의 주노[Juno] 해변에서 총을 여섯 발이나 맞은 인물이다. 그러니 그깟 언어 유희정도야 식은 죽 먹기였는지도 모른다.

〈스타트렉〉에서 스팍[Spock] 역을 맡은 레너드 니모이[Leonard Nimoy]는 〈스타트렉〉의 세 번째 시리즈인 "스팍을 찾아서"의 감독을 맡은 바 있다. 니모이는 이 영화에서 클링곤이 그냥 의미 없는 얼버무림 정도를 넘어서 언어로 나오길 바랐다. 그래서 그는 언어학자 마크 오크랜드[Marc Okrand]에게 의뢰해 클링곤을 정식 에일리언 언어로 승화시켰다. 첫 번째 시리즈에 스카티가 한 말 몇 마디를 바탕으로 문법도 창조했다. 그리하여 괴짜처럼 에일리언 언어를 배울 수 있는 전설적인 기회가 탄생한 것이다. 〈스타트렉〉 영화의 광팬들은 이 도전 과제를 열성적으로 받아들였고 말이다.

여덟 면 이상의 주사위를 소지할 정도의 괴짜들이라면 아마 잘 알거다. 그동안 얼마나 클링곤어가 발달해 왔는지를. 심지어 클링곤어로 번역된 셰익스피어의 『햄릿』이 있을 정도란다. 그런데도 "클링곤어의 단어들이 주로 우주선이나 우주 전쟁 같은 콘셉트에 맞춰져 있기 때문에 일상 언어로 사용하기에는 거추장스러운 부분이 있다"라고 위키피디아는 명시하고 있다(물론 어떤 이들은 이 대목의 정확한 출처를 요구하기도 했다. 매우 논란이 분분할 듯한 주장이기 때문에).

한편, 2009년에 미국 언어학자인 아리카 오크렌트Arika Okrent는 저서 『발명된 언어의 세계: 에스페란토어Esperanto 록스타, 클링곤어 시인, 로글란어Loglan(언어학 연구를 위해 만들어진 언어) 애호가, 그리고 완벽한 언어를 만들려고 한 정신없는 몽상가들』에서 클링곤어에 대해 언급한 바 있다. 아리카는 우선 인터넷 과학소설 동호회 사이트의 게시판에서 클링곤어에 대한 사람들의 태도를 유심히 살폈다. 아주 단호한 비판 글들이 난무했다고 한다. 특히나 비판적인 한 글은 이렇게 쓰여 있었다. "클링곤어 능력자들이야말로 강제 불임시술이 필요하다는 주요 증거다. 뭐 하기야, 클링곤어를 할 수 있다는 사실만으로도 시술이 필요 없이 번식의 기회가 없는 셈이겠지만." 너무 심하지 않은가? 이 문제의 웹사이트는 별칭이 '괴짜들을 위한 뉴스'라 붙여진 '슬래시 닷오그slashdot.org'이다.

균형 잡힌 시선을 위해, 위와 같은 모독적인 비난에 대해 반박을 해 보기로 하자. 전산언어학자인 다몬드 스피어스d'Armond Speers 박사의 예가 도움이 될 거다. 스피어스는 자신의 갓난 아들 알렉Alec이 클링곤어를 구사하도록 키우기로 마음먹었다. 그의 아내는 아기에게 영어로 말하기로 하고 말이다(아기가 이중 언어를 구사할 수 있도록. 너무 심한 왕따를 당하면 안 되니까). 스피어스는 이 목표에 놀랍도록 열성을 보였다.

심지어 아기가 밤에 잘 때 '클링곤 제국 국가'까지 자장가 대용으로 불러줬다고 한다(가사의 일부를 예로 들면 이렇다. '우리의 제국은 위대하다. 만약 누구라도 우리의 뜻을 방해한다면 군화로 짓밟으리라'). 알렉은 클링곤어를 점차 익히기 시작했다. 그러나 안타깝게도, 허구적 언어의 한계는 점점 드러났다. 아기가 클링곤어는 덜 쓰고, 영어만 많이 쓰기 시작한 것이다. 물론 스피어스의 관찰에 따르면 알렉은 클링곤어를 쓸 때는 아주 완벽하게 구사했으며, 영어와 혼동하지는 않았다고 한다.

♫ DERRR
DUUURGH
DER DER DUHHH
DER DER DUHH ♫

최근 소식에 따르면 알렉은 벌써 십대가 되었다. 하지만 스피어스는 알렉이 클링곤어에 대한 지식도 별로 없을 뿐 아니라, 이를 구사하는 데도 별 관심이 없다고 말했다. 한 어린이의 아까운 시간이 클링곤어를 배우는 데 낭비된 셈인지도 모른다.

한편, 도트락인의 언어도 클링곤어의 탄생과 비슷한 면이 있다. 소설 시리즈에서 조지 마틴은 이미 도트락어 단어 몇 개를 선보인 적이 있다. 마치 아랍어와 스페인어를 모르는 사람들이 듣기에, 이 두 언어를 섞어 놓은 것 같은 느낌의 언어였다고 한다. 이제, 〈왕좌의 게임〉 드라마 제작진이 새로운 도트락 언어를 만들어 낼 차례였다. 여태껏 조지 마틴만이 과감히 도전했던 도트락어의 구문론(문장 구성단어들의 배열 체계)을 정립해야 하는 것이었다. 제작진은 우선 몇 개의 제한사항을 점검했다. 독자들이 이미 알고 있는 도트락 언어의 구절들과 상응해야 할 것. 또, 배우들이 배우고 발음하기에 편할 것(배우들은 영어로 쓰인 도트락어를 연습했다고 한다. 느낌을 제대로 이해하기 위해서였다). 결국 도트락어의 창조를 두고 두 달간 '랭귀지 크리에이션 소사이어티Language Creation Society'(허구의 언어를 창조하는 이들의 모임)의 멤버 여러 명이 경쟁이 붙었다고 한다. 두 번의 경쟁 끝에 탈락자들이 속출했고, 결국 다섯 명의 언어 전사들만이 남았다. 이 중 한 명만이 세상을(아니면 언어사전이라도) 정복할 승리자가 되는 것이었다. 결국 그 행운은 데이비드 페터슨David J. Peterson에게 돌아갔다.

도트락어의 창시자가 된 페터슨은 재미있게도 〈스타트렉〉이 아닌 〈스타워즈〉에서 영감을 받았다고 한다. 그는 어렸을 때 보았던 〈스타워즈〉 여섯 번째 에피소드 "제다이의 귀환"의 한 장면을 떠올렸다. 바로 레아 공주가 현상금 사냥꾼으로 분장한 뒤, 악당 자바더헛Jabba the Hutt의 왕궁에서 한 솔로Han Solo를 구출하는 장면이었다.

이 장면에서는 한 솔로의 친구인 털북숭이 츄바카Chewbacca가 가짜 현상 수배범역을 맡는다. 레아 공주는 자바에게 츄바카를 내주는 현상금을 흥정할 때, 자신의 이국적인 변장 효과를 극대화하기 위해 자바가 못 알아듣는 외국어로 대화를 나눈다(인간 언어의 작동원리에 대해 생각해 본 시청자들조차 못 알아듣기는 매한가지였을 거다).

이때, 아군 드로이드[droid]인 C-3PO가 자바를 위한 통역사로 나선다. 레아는 짧지만 분명하게 '야타[yata]'라는 한 마디 단어를 던진다. 그러고는 같은 단어에 약간의 변형을 가해서 다시 반복한다. 바로 이 장면에서 미래의 언어학자 페터슨은 '대체 레아는 어떤 언어를 쓰기에, 같은 단어를 두 번 반복했을 때, 두 번째에 다른 의미가 전달된 걸까?'라는 생각을 하기에 이른다. 이것이 페터슨을 결국 〈왕좌의 게임〉의 세계로, 그리고 대초원 바다 기마 왕족의 언어 세계로 이끈 시발점이 된 셈이다.

그런데 레아의 경우처럼 한 단어가 이중, 삼중의 의미를 전달하는 게 혹시 진정한 에일리언 언어의 특징은 아닐까? (아니면 혹시라도, 이 장면이 〈스타워즈〉 대본에서 그리 중요한 대목은 아니므로, 레아가 인간 및 에일리언 청중을 대상으로 아무 소리나 막 지어내서 말한 걸지도 모른다.)

진실이 무엇이든 간에 레아의 현상금 사냥꾼 장면은 우리가 언어에 대해 이해하는, 혹은 이해하지 못하는 중요한 단면을 드러낸다. 지금 당장 TV를 켜보라. 그리고 알 수 없는 짧은 한두 문장을 말하는 인물의 소리를 들어보라. 그 언어가 어떤 언어인지 알아맞힐 수 있겠는가? 그 언어는 어쩌면 클링곤어나 도트락어 같은 허구의 언어일지도 모른다. 혹은 우리 세상에 존재하지만, 그저 한 번도 들어본 적이 없는 언어일 수도 있다. 아니면 그냥 일부러 어렵게 꼬아서 한 말일지도 모른다. 이를 단번에 알아맞힐 쉽고 과학적인 방법은 존재하지 않는다.

우리 인간들은 우리가 습득한 언어에 대해서는 세련된 방식으로 자유자재로 사용하는 온갖 방법을 발달시켜 왔다. 하지만 우리가 모르는 언어와 맞닥뜨리면? 그야말로 속수무책이 되어버린다. 예를 들어 20세기 초반에 세계에서 가장 유명한 마술사 중 하나로 이름을 날린 '청링수Chung Ling Soo'의 일화를 살펴보자. 그는 '환상적인 청나라 마술사'로 널리 알려진 말수 없는 마술사였다. 마술 분야에 새로운 지평을 열고, 해리 후디니Harry Houdini 같은 유명 마술사에 깊은 영감을 준 것으로 유명하다.

청링수가 선보인 가장 유명하고 위험한 마술은 매우 극적인 '총알 잡아내기'였다. 일명 '총알에 도전하기'라 불리는 이 기술은 자신에게 쏘아진 두 개의 총알을 이빨로 꽉 물어내는 것이었다. 당연히 위험 수위가 매우 높았기에 아주 가끔만 시연했다고 한다. 진행 방식은 이러했다. 우선, 청중 모두가 보는 가운데 총알을 고르고, 청중 한 사람이 총알에 직접 표시를 한다. 그러고는 권총에 이 총알들을 넣고, 마술사를 향해 쏘는 것이다. 1918년, 청링수는 런던의 우드 그린 엠파이어Wood Green Empire라는 공연장에서 이 마술을 선보였다. 이 무대에서 그는 처음이자 마지막으로 청중에게 말을 하는 모습을 보이게 된다. 총은 여느 때와 마찬가지로 청링수에게 발사되었다. 그런데 그 순간, 전통의상을 입은 청링수는 이상하게 몸을 비틀더니, 평소 총알을 잡아서 내려놓곤 했던 도자기 접시를 바닥에 떨어뜨렸다. 접시는 산산조각이 났고 청링수는 이렇게 외쳤다. "맙소사, 뭔가 잘못됐어. 커튼을 내려요"라고 완벽한 영어로 말이다.

여태껏 침묵을 지키던 마술사로부터 터져 나온 이 외침은 몇 가지 이유에서 매우 놀라운 것이었다. 첫째는, 청링수가 사실은 미국인 윌리엄 로빈슨William Robinson이라는 사실이 밝혀졌기 때문이다. 그는 스코틀랜드 혈통의 미국인으로, 중국과는 아무 연관이 없었다. 심지어 중국말도 하지 못했다. 작가 짐 스타인마이어Jim Steinmeyer는 청링수의 자서전 『영광의 속임수Glorious Deception』에서 이렇게 언급했다. 청링수는 인기가 나날이 늘어가고 성공을 거듭할수록, 자신에 대한 환상을 지키려는 교묘한 노력을 했다고 한다. 그리하여 자신의 정체성을 낯선 외국어를 내세워 숨기는 초현실적이고 복잡한 방법을 썼다는 거다. 우선, 그는 자신의 일본인 친구 후카도 프랭크 카메타로Fukado Frank Kametaro를 고용했다. 영어가 유창했던 카메타로는 대외적 인터뷰가 있을 때마다 청링수의 조수이자 통역사 역할을 했다. 청링수가 직접 기자들에게 대답해야 할 때는, 우선 기자들이 영어로 질문을 한다. 물론 이 질문은 청링수와 카메타로 모두가 알아듣는다. 이에 카메타로가 청링수에게 즉흥적으로 지어낸 엉터리 중국어로(카메타로도 중국어를 못했으므로) 말을 건넨다. 그러면 청링수가 이번에는 엉터리 중국어로 답을 하는 거다. 최종적으로 카메타로는 청링수의 답변을 알아듣는 척하며 영어로 이를 기자에게 옮기는 식이었다. 결국 청링수와 카메타로는 둘 다 영어를 유창하게 함에도 불구하고, 각자 자신만의 엉터리 중국어를 창조해낸 셈이다. 둘 다 중국어를 전혀 모르는데도. 이 둘이 어떻게 태연한 얼굴로 대화를 했을지 궁금하지 않은가?

하지만 놀랍게도 사람들 모두가 여기에 깜빡 속아넘어갔다. '유창한 중국어'라는 환상이 너무나 잘 먹힌 것이었다. 청링수 마술사 일행이 중국어를 할 줄 아는 기자를 만나지 못했기 때문이었다. 이런 수법은 물론 오늘날에는 통하지 않을 것이다. 인터넷 시대 이전에만 해도, 엉터리이거나 틀린 언어, 혹은 조잡하게 만들어 낸 언어를 만나면, 물어볼 데라곤 주변의 친구 정도였을 거다. 그 친구들도 관심 없어 했을 수도 있고 말이다. 요즘은 어떤가? TV 드라마 한 편이 끝나거나, 영화 한 편이 개봉되기가 무섭게 팬들이 우르르 온라인에 몰려가 영상의 한 장면 한 장면을 뜯어 보고 감탄하기 바쁘다. 영상 속 허구적인 세상의 언어에 대해서는 말할 것도 없고 말이다.

만들어진 언어 대 현실의 언어

어떤 전문가들은 인류의 역사를 통틀어 최대 1만 2,000여 개의 언어가 사용됐을 거라 본다. 그리고 오늘날에는 그중 약 6,000개의 언어가 살아남았다. 21세기가 끝나기 전에 이 6,000개 중 사람들이 사용하는 언어의 수는 훨씬 줄어들 거라는 게 공통적인 견해다. 심지어 어떤 언어학자들은 100년 안에 90퍼센트의 언어들이 사라질 거라 내다보기까지 한다. 그리고 세 개의 핵심 언어, 즉 만다린 중국어, 영어, 스페인어 정도만이 세계를 정복할 거라고 이야기한다.

한편, 현재처럼 국제화 및 문화 교류가 놀랍도록 가속화되는 시대에는 도트락어 같은 허구의 언어가 단 몇 년 만에 창조되고, 사람들에게 익혀지기도 한다. 수천 년에 걸쳐 진화해 온 전통 언어들은 사라지기도 하고 말이다. 오늘날에도 많은 이들이 실제로 사용되지 않는 고대 혹은 현대의 언어에서 딴 이름을 갖고 있다. 다가올 미래에는 이런 트렌드가 흔한 일이 될 거다. 소수의 사람들에게, 혹은 심지어 아이의 부모에게만 의미가 있는 이름을 갖는 아기가 늘어날 것이다. 애정을 담아 창조한 언어에서 나온 이름을 말이다.

이런 트렌드의 결론은 뭘까? 혹시 허구의 언어가 실용적인 일반 언어를 압도하는 때가 오는 건 아닐까? 제법 그럴듯한 이야기다(하지만 도트락어를 빌려 말하자면, "그건 알려지지 않았다.") 그렇다면 우리의 세상에서 허구의 언어가 갖는 위상은 어떨까? 2016년 4월 〈가디언〉은 미국 연방법원에서 바로 이 문제를 놓고 재판이 벌어지고 있다고 보도했다. 팬들의 크라우드 펀딩에 의해 새롭게 제작된 비공식 〈스타트렉〉 영화에서 클링곤어를 사용하는 것이 합법인가가 쟁점이었다. 〈스타트렉〉 시리즈를 제작한 파라마운트 영화사의 변호사 데이비드 그로스맨David Grossman은 "클링곤어가 하나의 독립적 언어로 여겨지는 것은 터무니없다"라고 주장했다. 한편, 랭귀지 크리에이션 소사이어티는 법정 조언자 자격으로 소견을 냈다. 피고 측 변호사의 주장을 다음과 같이 옹호한 것이다. "클링곤어는 이미 그 자체가 언어로서의 자격을 갖추었습니다."

도트락어는 사정이 다르다. 온라인상에 팬들을 위해 상당히 종합적인 언어사전까지 마련해놓았을 정도니 말이다. 사전은 약 3000개가 넘는 단어로 이뤄져 있다고 한다(그중 상당수가 드라마에서 사용된 적이 없고, 앞으로도 없을 가능성이 높다). 즉, 도트락어는 이미 살아 숨 쉬는 독립적 언어로서의 자격을 갖춰나가고 있는 셈이다. 심지어 미국 코미디 드라마 〈오피스The Office〉에도 등장한 적이 있을 정도다. 줄거리상 등장인물이 〈왕좌의 게임〉 드라마에서 나오지 않은 도트락어를 말하는 설정이 정해졌다. 그러자 데이비드 페터슨은 매우 흔쾌히 이를 도와주었다고 한다. 페터슨은 이 과정을 자신의 블로그에 설명해 놓았다. 〈오피스〉의 등장인물인 드와이트Dwight가 '목을 따다'라는 문장을 도트락어의 명사와 동사를 합성하여 활용하는 장면이었다. 도트락어로 "Foth aggendak"은 "나는 목 따다", "Forth aggendi"는 "너는 목 따다"라는 식이었다. 이런 식의 명사와 동사의 합성은 조지 마틴의 소설이나 드라마에서조차 선보인 적이 없었다고 한다. 페터슨은 〈오피스〉에서 명사를 합성해 넣은 결과가 매우 마음에 들었다고 한다. 그리하여 그는 이 새로운 명사 동사 합성법을 도트락어의 문법으로 공식화하기로 마음먹었다. 이러한 도트락어의 명사 동사 합성법은 〈오피스〉의 드와이트 슈르트Dwight Schrute를 기리는 차원에서 '슈르티안 합성법Schrutean compound'이라고 명명되었다. 허구의 언어는 정말 무궁무진한 가능성의 언어가 아닌가.

그런가하면 페터슨은 기마전사들의 언어인 도트락어에 개인적으로 로맨틱한 요소도 결부시켰다. 그는 허구의 언어를 만들 때마다 꼭 부인의 이름인 에린Erin를 포함한다는 것이다. 성미가 고약한 언어학자라면 이런 기회에 부인에 대한 평소의 앙심을 풀려고 할지도 모르겠다. 페터슨은 달랐다. 도트락어로 '에린'은 '좋은', '친절한'이라는 뜻이니까. 페터슨은 또한 자신이 너무나 사랑했던 죽은 고양이 '오키오Okeo'를 '친구'를 뜻하는 도트락어로 쓰기도 했다. 이런 식으로 도트락어를 익혀 보는 건 어떨까? "내게 아라크arakh(무시무시한 검)을 건네주시오. 내 티tih(눈)에 뭔가 들어 간 것 같소…."

나무 속 생물이 다가온다

1980년대에 영국 왕좌의 계승자였던 찰스 왕세자는 자신의 정원에 있는 식물과 나무에게 말을 하고, 그들의 말을 알아듣는다고 장담했었다. 당연히 이 말은 세계 언론의 큰 관심을 받았다. 이 관심은 BBC 방송의 '정원사의 질문시간Gardeners' Question time'이라는 질문대담 프로그램에 그가 출연해 다음과 같은 언급을 하며 증폭됐다. "정말 수많은 이유로 언론의 질타를 받아요. 이러저러해서 정신이 나갔다고 하거나, 이러저러해서 미쳤다고 하거나 하면서." 참 그럴싸한 발언이다.

또 다른 왕국의 후계자인 브랜 스타크도 비슷한 딜레마에 빠져 있다. 브랜도 식물들과 대화를 나누는 힘을 지녔기 때문이다. 브랜이 '그린시어greenseer'임을 감안하면 당연한 일이다. 그린시어는 살아 있는 식물들과의 자연적 네트워크를 통해 과거와 미래의 영상을 체험하는 현자賢者를 일컫는다.

브랜의 안내자이자 멘토인 블러드레이븐Bloodraven이 바로 브랜이 그린시어의 능력을 터득하게 도와준 장본인이다. 블러드레이븐이 처음 등장하는 장면에서 그는 음산한 느낌의 위어우드 왕좌에 앉아 있다. 나무의 뿌리들이 뒤엉킨 둥지 같은 모양의 왕좌는 마치 블러드레이븐의 굽은 팔과 한 몸이 된 듯 보인다. 〈왕좌의 게임〉의 세상 속 어떤 왕좌라도 우리의 눈길을 끌기 마련 아닌가. 하지만 블러드레이븐의 왕좌는 모두가 탐내는 철왕좌와는 거리가 멀다. 철왕좌는 타르가르옌 왕 1세가 적들에게서 빼앗은 검들을 모아 드래곤의 숨결로 녹여서 만든 것이니 말이다(어느 모로 보나 앉기에 엄청 불편한 왕좌임이 틀림없다).

블러드레이븐은 그렇게 위어우드로 짜인 왕좌에 꿈을 꾸듯 앉아 있다. 왕좌는 그의 몸과 일체가 되어 그를 마치 둥지처럼, 어머니처럼 포근히 감싼다. 이러한 자연적이고 부드러운 힘의 결합은 지상 위 웨스터로스의 전사들의 힘과 완전한 대조를 이룬다. 그렇다면 과연 블러드레이븐의 나무 왕국이라는 실체는 무엇일까? 언뜻 드는 생각처럼 이상하고 무서운 곳일까? 우리의 세상에도 나무 왕국이라는 게 존재한다면 어떨까?

웨스터로스의 옛날 신들과 숲속의 아이들은 고대 나무들로 이뤄진 네트워크를 이용해서 칠왕국 간에 정보를 주고받았다고 알려져 있다. 이 나무들 중 일부는 말 그대로 '눈이 달려 있다'고 한다. 이런 눈 달린 나무들은 얼굴 모양이 새겨져 있는데, 이 나무들을 '심장 나무heart trees'라고 한다. 겉보기에는 온순해 보이는 나무들이다. 그러나 〈왕좌의 게임〉 시작부터 많은 독자들과 시청자들은 이 나무들의 속셈을 의심해 왔다. 과연 이 나무들이 정말로 브랜의 안위를 신경 쓰는 걸까?

그럼 여기서 지각이 있는 나무가 자기의 목적을 위해 생명체를 조종하는 현실 사례에 대해 살펴보기로 하자. 바로 남아메리카의 아까시나무가 그 주인공이다. 이 아까시나무에는 개미떼가 붙어사는데, 이 개미들은 죽을 때까지 아주 충직하게 나무를 보호한다고 한다. 잡초가 자라지 못하게 하거나, 다른 곤충들의 공격을 막아내는 것이다. 심지어 배고픈 염소가 나무를 뜯어먹는 것조차 방해한다고 한다. 그 대가로 아까시나무는 개미들에게 먹을 것과 살 장소를 제공한다. 여기까지는 매우 공평한 관계다. 말하자면, 생물학자들이 일컫는 전형적인 '공생관계'로서 두 구성원들이 함께 일해 나가며 각자의 이익을 챙기는 것이다.

최근에 이 공생관계를 연구한 과학자들에 따르면, 사실 아까시나무는 이 관계가 끝나지 않도록 교묘한 수법을 쓴다고 한다. 개미들과 함께 일하고 쉬며, 노는 관계가 영원히 계속되도록, 아까시나무는 개미들이 계속 매력을 느끼도록 달콤하고 중독성 있는 수액을 제공한다. 수액은 맛만 좋은 게 아니다. 특별한 효소가 포함돼 있어, 개미들의 생체를 길들인다. 즉, 다른 나무에서 제공하는 달콤한 수액은 전혀 소화시키지 못하게끔 유도를 하는 거다. 개미들은 특정 아까시나무의 수액을 한번 맛보고 나면, 다시는 헤어 나오지 못하는 중독자가 돼 버리고 만다. 아무리 벗어나고 싶다 해도. (마치 미래 디스토피아 소설의 주요 줄거리 같지 않은가. 수액을 거대 기업의 패스트푸드로 바꾸기만 하면.)

독일의 식물학자인 마르틴 하일^Martin Heil^ 박사는 개미와 나무 간의 공생관계에 대해서 연구해왔다. 박사는 《내셔널 지오그래픽》 기사에서 이렇게 언급한 바 있다. "제겐 정말 놀라운 일이었어요. '수동적'이고 움직이지도 않는 식물이, 자기보다 훨씬 활발한 동료인 개미를 그렇게 조종할 수 있다는 게 말이죠."

스스로 지각하는 생태계라니. 마치 영화 〈아바타〉의 한 장면 같은 느낌이다. 하지만 웨스터로스의 위어우드들이 수킬로미터 떨어진 거리에서 서로 간에 의사소통을 하는 것처럼, 우리 세상의 나무들도 서로 간에 연결을 하고 '대화를 나누는' 빠르고 효과적인 방법을 지녔다. 물론 다 같이 칠왕국의 정치 얘기를 하지는 않겠지만.

바로 복잡하고 거대한 지하의 '곰팡이 네트워크'가 나무 및 식물들을 연결해서 서로 간에 정보를 나누게 해준다는 것이다. 그리고 수킬로미터나 떨어진 이웃들을 도울 수도 있다고 한다. 곰팡이 전문가인 폴 스타메츠Paul Stamets는 이러한 곰팡이 네트워크를 '지구의 천연 인터넷natural internet'이라고 2008년의 TED 대담에서 말한 바 있다. 말하자면 월드 와이드 웹이 아닌 '우드 와이드 웹Wood Wide Web'에 접속하는 셈이라고 할까.

이 천연 인터넷을 통해 나무들은 끊임없이 무언가를 나눈다. 심지어 서로 간에 탄소나 질소 같은 영양분도 보낼 수 있다고 한다. 자신의 죽음을 직감한 고목은 자신의 영양 성분 더미를 갓 자리 잡기 시작한 어린나무들에게 보내기도 한다. 어린나무의 삶의 출발을 돕기 위해서. 이렇듯 숲과 삼림의 상호 연결성은 정말 놀라운 것이다. 그래서 몇몇 과학자들은 나무나 식물을 개체로 보지 말고 하나의 살아 있는 유기체로 여겨야 옳다고 주장하기도 한다.

나무들이 이렇게 삶의 기본적 문제에서 서로를 도울 수 있음은 이제 어느 정도 명백하다. 하지만 위어우드처럼 서로에게 위험 신호까지 보낸다는 건 판타지에 불과한 게 아닐까? 글쎄, 그렇지 않을 수도 있다.

토마토 식물을 연구하는 과학자들은 천연 인터넷이 단순히 자원을 교환하는 차원보다 훨씬 정교하게 구성돼 있다고 주장한다. 이 토마토 식물들은 서로에게 해충이 온다는 경고를 해주기도 하기 때문이다. 만약 귀찮은 진딧물 떼에 이미 굴복한 토마토 식물이 있다면, 주변 친구들에게 조심하라고 경고하기도 한다. 그러면 긴급 메시지를 전달받은 주변 식물들은 자기들의 면역 시스템을 강화시켜 재난을 예방하는 것이다. 이런 경고 이메일을 전달해주는 친구들처럼 말이다. “그 사기 이메일에 속지 마. 그 자는 자기 나라를 되찾으려는 곤궁에 빠진 왕자가 아니야. 루턴[Luton](잉글랜드 베드퍼드셔 카운티의 도시) 지역에서 핸드폰을 파는 작자라고."

브랜과 블러드레이븐에게 어떤 일이 생길지는 우리 모두가 지켜볼 일이다. 그들이나 찰스 왕세자나 식물들과 대화할 수 있는 특수한 능력을 가진 이들이니까. 하지만 정말로 식물들이 서로 간에 복잡하고 값진 정보까지 전달할 수 있는 걸까? 우리 모두 일단 그렇다고 믿어보기로 하자.

제 8 장

진정한 마법

마법의 귀환

〈왕좌의 게임〉 이야기의 시작점으로 돌아가 보자. 오랜 부재 끝에 드디어 칠왕국에 마법이 돌아오기 시작했다. 그 흔적들은 여기저기에 흩어져 있었다. 신기하게 불타는 유리 촛불, 그리고 부화되는 드래곤 알 등. 게다가 여성을 산 채로 톱질해서 반으로 가르는 일도(아, 그러고 보니 이건 마법이 아니라 조프리의 만행이었다).

우리의 세상에서도 지루한 일상에 마법이 돌아오길 기다리는 일이 있을지도 모른다. 한 가지 확실한 건 중세시대 유럽에서는 꽤나 그럴싸한 마법이 존재해서 사람들의 삶을 흥미롭게 했었다는 사실이다.

역사가인 오언 데이비스Owen Davis 교수는 중세시대 유럽의 분위기를 바꾸어 놓았던 '마법 같은 일'에 대해 내가 모르고 있던 이야기를 해주었다.

바야흐로 오랜 기간 이어진 전쟁이 끝나고, 흑사병 창궐과 바이킹 및 서고트족(게르만의 한 부족)의 습격도 가라앉았을 때였다. 로마제국 시대에 문명을 뒤흔들어 놓았던 사상과 기술, 문학 작품들이 유럽에서 점차 자리를 잃어가고 있었다. 로마인들은 그 전에 그리스인들이 닦아 놓은 기하학, 천문학, 건축학, 철학 등을 더 세련되게 가다듬었다. 그러나 유럽에서 이들 학문들은 빛을 잃은 지 오래였다. 이런 학문들을 다룬 책들은 사라지거나 훼손되어버렸다. 여기저기 떠도는 몇 장의 복사본들을 제외하고는 그 지식들에 대한 기억조차 가물가물한 상태였다.

그러던 중, 새로운 학자들과 사상들이 고개를 들기 시작했다. 1453년, 현재의 이스탄불인 콘스탄티노플은 로마 제국의 마지막 요새였다. 하지만 이 요새는 정복자 메흐메드Mehmed the Conqueror라 불리는 21세의 술탄 메흐메드 2세가 이끄는 오토만 제국에 의해 마침내 함락당하고 만다. 이에 콘스탄티노플에 살고 있던 학자들과 철학자들은 그곳을 떠난다. 상당수는 이탈리아로 떠났다. 이탈리아에 다다른 학자들은 수백 년 동안 선보이지 않은 많은 문서와 작품들을 함께 가져왔다.

오랫동안 읽히고 소중히 간직되어 온 문서들이 다시 빛을 보게 된 것이다. 영원히 늙지 않는 젊음의 샘을 꿈꾸는 이들이나, 기본 금속을 금으로 바꾸는 연금술, 바빌로니아의 사랑의 주문을 찾는 이들이 볼 수 있도록 말이다.

이렇게 재발견된 책들은 여러 쓸모 있는 내용들도 담고 있었다. 반면, 완벽한 허구도 실려 있었다. 어떤 게 진실이고 거짓인지를 어떻게 가려낼 수 있었을까? 혹시 모두 다 사실이었던 걸까?

한편, 스페인 남쪽에는 무어 문명이 꽃피고 있었다. 이때 무슬림 학자들은(이들은 그리스 철학의 주된 신봉자이기도 했다) 새로운 지식을 유럽 지역으로 퍼뜨리는 전달자와 같은 역할을 했다. 이에 따라 모든 세세한 것을 실행하는 지식, 예를 들면 도서관을 정리하는 법이나, 과일을 재배하는 법 등이 세상에 널리 퍼지기 시작했다. 마치 타임머신을 타고 1990년대 초로 돌아가 숙제를 하는 사람에게 오늘날의 위키피디아를 보여 주는 것과 같은 느낌일 거다.

이 시기에 유대교인과 이슬람교인, 그리고 기독교인 사상가들은 서로에게 많은 영향을 주고받았다. 각자의 종교적 전통은 더욱더 풍부해졌다. 하지만 종교적으로 허가를 받은 사상만이 전부는 아니었다. 유럽에 재림한 고대 학문 중에는 마법에 대한 것도 포함돼 있었던 것이다. 그리스인들도 바빌로니아인들의 영향을 받아 마법에 지대한 관심을 가졌기 때문이다. 그리하여 종교와 마법, 그리고 과학이 서로의 영역을 넘나들며 발전하기 시작했다.

왕의 살과 피가 가진 마법의 힘

붉은 여인 멜리산드레는 피의 마법blood magic에 그야말로 푹 빠져 있다. 고대 전설에 따르면, 피는 강력한 힘을 지닌 마법 물약의 근간이라고 한다. 게다가 충성심을 고조시키는 데는 효과가 그만이다. 그래서 그렇게 왕족이 손가락 하나만 종이에 베어도 그녀의 눈가에 눈물이 맺히는지 모르겠다. 여하튼 멜리산드레의 마법은 공포스러우면서도 놀랍기 그지없다. 그중 한 장면을 회상해 보자. 멜리산드레는 로버트 왕의 사생아인 겐드리Gendry의 피를 빨아먹은 거머리 세 마리를 꺼낸다. 그러고는 다시 거머리에게서 피를 빼낸 후 한 마리씩 불속에 던진다. 말하자면 이 거머리들은 각각 롭 스타크, 발론Balon 그레이조이, 조프리 바라테온의 '세 가짜 왕위 계승자'들을 상징하는 초라한 대역인 셈이었다. 이 의식을 거행한 후, 얼마 지나지 않아 세 왕족들은 모두 죽음을 맞이한다. 그게 과연 우연이었을까?

멜리산드레의 왕족 피에 대한 집착은 우리 세상에서도 비슷한 전례가 있다. 예를 들어 중세시대 유럽에서는 왕족의 살에 직접적인 접촉을 하면 기적이 일어난다고 믿었다. 왕족 또한 고통스러운 죽음을 오래 느끼는 일 없이 말이다. 또한 중세시대의 영국과 프랑스에서 왕족은 신성한 힘을 일으켜 심각한 질병도 기적적으로 고친다고 여겼다. 덕분에 영국과 프랑스의 왕족들은 '림프절 결핵' 혹은 '연주창king's evil'이라 불리는 피부병 치료를 위해 인기가 높았다. 한편, 16, 17세기의 유럽 중앙부에서는 당대를 다스리던 합스부르크 일가에게 입술에 키스를 받으면 말더듬 증상이 사라진다는 믿음이 널리 퍼져 있었다(합스부르크 일가의 초상화를 보고 나면 차라리 말더듬이로 사는 게 낫겠다는 생각이 들지도 모르겠다).

이렇듯 왕족이 병을 고친다는 생각이 오래 퍼져 있었던 이유는 뭘까? 아마도 문제의 병들이 사람들에 죽음을 초래하는 경우는 드물었기 때문인 것으로 보인다. 이 병들은 스스로 증상이 호전되곤 했던 것이다. 그래서 왕족의 손길이 치유력을 지녔다는 착각에 힘이 실렸을 수 있다. 자신들의 손을 더럽히는 걸 개의치 않은 왕족이라면 손가락으로 병자들을 만지거나 축복을 내리고, '경련 반지cramp ring' 혹은 '터치 피스touch piece'라 불린 반지를 나눠주곤 했다(이런 반지들은 어차피 금으로 만든 것이므로 병 치료가 아니더라도 가치가 있었다).

그러던 중, 18세기에는 이런 '살가운 접촉'에 반대한 조지 1세가 왕족이 병자들을 만지는 일을 단호히 불법으로 규정했다. 그는 자신의 살과 피가 갖는 마법의 힘에는 그다지 관심이 없었던 모양이다. 대신 그는 완전히 다른 접근법인 '종두innoculation'를 택했다. 오늘날 예방 주사의 선구자 격으로 천연두와 같은 질병을 예방하는 방법이었다. 다시 말해 천연두의 농포를 고의로 주입해서 약한 감염을 일으켜서, 더 심각한 정도의 천연두에 면역력을 기르는 방식이었다.

마법으로 인한 분열

웨스터로스는 여러 면에서 분열이 된 상태다. 그중 좀 더 흥미롭고 미묘한 부분이 바로 마법에 의한 분열이다. 몇몇 등장인물들은 마법을 두려워하고 파괴시키고 싶어 할 뿐이지만, 몇몇은 오랫동안 마법을 써 왔다. 또 몇몇 인물들은 마법을 비웃고 허무맹랑한 소리로 치부하지만, 다른 이들은 마법이 살아 있다고 굳게 믿는다. 얼음과 불의 나라에 마법이 온통 얼음과 불꽃으로 존재한다고 말이다. 물론 대부분의 독자들과 시청자들도 마법이 있다고 믿을 것이다. 눈앞에 펼쳐지는 장면들이 완전한 마법처럼 느껴지니까.

말하자면, 전자는 마에스터와 같은 인물들이다. 이들은 과학자이자 역사가, 또 우체국장으로서 웨스터로스의 귀족들에게 조언가의 역할도 맡고 있다. 이들은 드래곤을 끔찍하게 싫어하기로는 둘째가라면 서러울 정도다(역설적이기게도 화이트 워커들의 수법이 먹힌다면, 드래곤이 존재하지 못할 수도 있을 것이다). 한편, 후자를 뒷받침하는 대표적 존재로는 드래곤과 화이트 워커가 있다. 또, 티리온이 말한 '그럼킨과 스나크grumpkins and snarks'와 같은 온갖 판타지 속의 동물들도 있다.

그러나 〈왕좌의 게임〉 속에 등장하는 마법은 단순한 차원이 아니다. 모자 속에서 토끼를 꺼내거나 귀 뒤편에서 동전이 나타나게 하는 혹은 어떤 카드인지를 맞히는 수준 낮은 마법이 아닌 것이다. 〈왕좌의 게임〉 속 마법은 예측 불가능하고, 심지어 마법을 쓰는 사람에게조차도 안전이 보장되지 않을 정도다. 예를 들어, 존 스노우는 야인들에게 만약 그들이 장벽을 무너뜨릴 마법의 뿔나팔을 갖고 있다면, 왜 쓰지 않는지를 묻는다. 야인들의 대답은 유용하면서도 섬뜩했다. 바로 '마법을 안전하게 쓸 방법이 없기 때문'이라는 것이다. 마치 칼자루가 없는 칼을 쓰는 것과 비슷하다는 이야기다. 칼자루가 없다면, 어떻게 칼을 안전하게 쥘 수 있겠는가?

여하튼, 모두가 다 마법의 열렬한 팬은 아니다. 칠왕국에서의 마법은 위험 요소가 너무 높은 것이다. 한 사람을 살리는 마법이, 다른 사람은 죽일 수도 있는 것이다.

한 예로, 웨스터로스의 환관인 바리스 경Lord Varys은 확실히 마법을 증오한다. 그는 티리온에게 자신이 어렸을 때 한 마법사에 의해 어떻게 거세당하고, 거세당한 생식기가 피의 마법 의식을 통해 불에 던져졌는지를 생생히 털어놓은 바 있다. (재미있게도 영국의 유명 마술사인 폴 대니얼스Paul Daniels는 BBC 방송국이 자신의 토요일 마법 쇼를 종영하자, 이를 주

관한 라이트 엔터테인먼트Light Entertainment 사의 사장에게 비슷한 짓을 하겠다고 으름장을 놓았다.) 의식이 끝나자, 이용가치가 끝났다고 여겨진 그는 길거리에 던져져서 피 흘리며 죽을 위기에 처했다고 한다.

이 때문에 바리스 경은 여전히 분노하고 괴로워한다. 또, 그날 밤 자신의 살이 탈 때 들려온 목소리 꿈을 아직도 꾼다고 했다. 과연 누구의 목소리였을까? 신, 아니면 악마? 그도 아니면 단순히 복화술사였을까? 바리스 경은 이 얘기를 털어 놓으며 큰 상자 하나를 연다. 그가 씁쓸하게 얘기를 마치는 순간, 우리의 눈에 들어오는 건 바로 문제의 그 마법사이다. 오랜 세월 끝에 바리스 경은 자신을 해한 마법사를 찾아내서 상자에 가둬 놓았던 것이다. 마치 유리병 속에 갇힌 거미처럼, 힘이 빠져버린 모습이 되어 버리도록. 정말 극적인 장면이 아닐 수 없다. 영국의 유명 마술사인 데이비드 블레인David Blaine이 템스강 위에 유리 상자를 매달아 놓고 들어가 있는 스턴트 묘기가 떠오르는 대목이다. 관객 수야 물론 블레인의 스턴트 묘기보다는 훨씬 적겠지만.

데이비드 코퍼필드David Copperfield 같은 마술사의 쇼를 같이 보기가 꺼려지는 인물은 바리스 경뿐만이 아니다. 마에스터들도 초자연적인 현상을 다소 깔보는 경향이 있다. 사실 이들은 정식으로 마에스터로

승격되기 전날 밤, 일명 '유리 촛불'로 불리는 흑요석으로 된 긴 막대기에 불을 붙이는 여러 주문을 시도해야 한다. 이런 촛불들은 옛날에 마법사들이 신기한 색색의 불을 붙여서 다른 차원의 세계와 대화했음을 기념하는 물품으로 남아 있는 것들이다. 마에스터 예비 후보들도 처음엔 끈질기게 불을 켜려고 노력한다. 그러나 모든 노력은 수포로 돌아가고 만다. 결국, 이 모든 게 마법이 얼마나 비현실적인지를 깨닫는 일화로 끝이 나는 거다. 배울 수 있는 것에는 한계가 있다고 말이다.

이렇듯 마법에 대한 뿌리 깊은 회의와 불편함이 남아 있음에도, 칠왕국 내 마법의 재림은 막을 길이 없다. 유리 촛불에 저절로 다시 불이 붙기 시작한 것이다. 바로 '알려진 세상'에 마법이 돌아오고 있다는 전조인 셈이다.

죽음을 선물하기(영수증은 넣어두시오)

인생의 중요한 이벤트들은 선물 교환을 수반하는 경우가 많다. 우리의 세상이나 〈왕좌의 게임〉 속 세상이나 매한가지이다. 하지만 역시, 때에 알맞은 선물을 준비하는 건 꽤나 힘든 일이다. 그게 결혼이든, 축제든, 친구가 출연하는 연극의 개막일 밤이든 말이다. 그런데 거대한 도시 브라보스의 '얼굴 없는 자'는 이 문제를 싹 해결한 듯하다. 막스 앤 스펜서Marx & Spencer와 같은 고급 백화점에서 '어떤 수공예 아이스크림 머신을 사야 큰 이벤트 시작 전에 가장 빛나고 비싸 보일까?'와 같은 고민을 할 필요가 없는 거다. 얼굴 없는 자는 모든 이벤트에다 똑같은 선물을 하기로 작정한 모양이다. 이른바 '다면신의 선물'이다. 매우 영적이고 실용적인 선물처럼 들릴지도 모른다. 그러나 문제의 그 선물의 이름은 바로 다름 아닌 '죽음'이다.

얼굴 없는 자는 한마디로 암살자들의 길드guild이다. 이들은 모든 일에 완벽한 기술을 자랑하며, 이들을 채용하려면 막대한 돈이 든다. 그래서 철저한 보안 속에 있는 적을 제거한다든가, 사랑하는 이의 마지막 길을 고통 없이 보내주는 일 등을 행하는 것이다.

그렇다고 이들이 아무에게나 죽음을 선물하는 건 아니다. 사실 이들은 아리아가 매일 밤 분노에 차서 살상 목록을 읊어대는 것에 매우 화를 냈다. 소설 『왕좌의 게임』에서는 얼굴 없는 자들이 '아는 사람은 죽일 수 없다'는 규칙에 대해 심층 토론을 하는 대목이 나온다. 살인을 정당화하고, 감정을 배제한다는 이들의 원칙이 우리에게는 이상해 보일 수 있다. 특히 사형제도가 없는 나라에 살거나, 개인적으로 사형제도에 반대하는 사람들에게는 더욱더. 그러나 어떻게 보면 얼굴 없는 자들의 원칙은 인간적인 면모도 있어 보일 정도다.

아리아는 얼굴 없는 자들이 저녁 식탁에 둘러 앉아 누가 누구를 죽일 것인지를 의논하는 모습을 본다. 이들에겐 일상적인 일이었다. 아무튼 이들 중 몇몇은 살인 부탁을 받은 대상들을 해하지 못한다고 주장한다. 대상들의 이름이 낯이 익고, 자신들이 알려졌다는 이유에서다. 하지만 나머지는 살인을 수락하는데, 자신들이 알려지지 않았다는 간단한 이유 때문이었다.

살인에 대한 일말의 양심이 없다는 점은 현실세계의 암살자에게도 공통적으로 나타난다. 예를 들어 범죄학자인 사울 알린스키Saul Alinsky가 1930년대의 마피아인 알 카포네Al Capone와 그의 부하들이 저지른 범죄에 대해 분석한 논문을 떠올려 보자. 알린스키는 이들 전설적 범죄자들과 일정 시간 얘기를 나눴다고 한다. 그러고는 이들의 범죄 행위에 대해 특이하고 상세한 깨달음을 얻었다고 한다.

알린스키는 《플레이보이》와의 인터뷰에서, 알 카포네의 전과기록을 유심히 살펴보다가 한 가지 사실을 발견했다고 말했다. 바로 알 카포네가 다른 동네에서 암살자를 구하는 데 많은 비용을 지불했다는 사실이었다(마피아라 해도 행정적인 문제를 피할 순 없었던 모양이다). 알린스키는 알 카포네에게 휘하에 스무 명이나 암살자가 있는데, 왜 다른 동네에서 암살자를 구했는지를 물었다. 그랬더니, 그는 암살 대상이 암살자를 알아볼 수도 있기 때문이라고 답했다. 게다가 알 카포네는 알린스키가 그렇게 뻔한 질문을 진지하게 했다는 데 경악을 금치 못했다고 한다.

아리아 스타크의 경우를 한번 보자. 그녀는 도망친 뒤 암살자들의 방식을 배우기 위해 얼굴 없는 자들에 합류한다. 자신의 가족을 파괴한 이들에 대한 분노가 끓어올랐기 때문이다. 어찌 보면 너무 당연하게도, 아리아는 자신의 가족들을 괴롭힌 한 사람 한 사람을 죽이길 원한다. 시청자들은 그런 그녀를 응원할 수밖에 없다. 아리아가 한 가지 몰랐던 점은 얼굴 없는 자들은 고통받는 이들을 위해 친절히 안락사도 베풀어야 한다는 점이었다.

이윽고 한 아버지가 자신의 어린 딸을 '흑과 백의 집'으로 데려온다. 불치병으로 고생하는 딸의 고통을 덜어 주기 위해서였다. 〈왕좌의 게임〉이 어떤 드라마인가. 어린이들이 고통 받는 모습을 보여 주길 결코 꺼리지 않는 드라마가 아닌가(또다시 셔린의 비극이 떠오른다). 결국 아리아는 자신보다 별로 어리지 않은 그 소녀에게, 다면신의 사원 한가운데 있는 분수에서 떠온 물을 건넨다. 당연하게도 소녀는 결국 죽고 만다. 이런 경험은 어떤 이들에겐 큰 트라우마로 남을 수도 있다. 그러나 아리아는 이미 이 단계에서 감정 없는 일종의 사이코패스처럼 돼 버렸는지도 모른다. 전혀 아무렇지도 않아 보이니까. 어쨌든 시청자들은 여전히 그녀를 '애정'한다.

사원 가운데의 이 분수가 초자연적인 힘을 지녔는지는 모른다. 하지만 아리아가 이 물에 섞은 가루약과 물약은 그 섞는 법을 자유도시인 브라보스Braavos에서 배운 것이다. 그녀가 장님이었을 때 배운 것이니, 냄새와 촉감으로 익힌 거다. 이는 그 약의 성분들이 진짜 화학 재료로 구성된 것임을 의미한다.

한편, 우리의 세상에서는 고통을 유발하지 않는 액체 독약의 생산을 수반하는 사형집행의 의료화가 큰 논란의 대상이 되어 왔다. 미국에서는 치사 주사에 의한 사형집행에 쓰이는 약물을 타이오펜탈나트륨sodium thiopental으로 규정하고 있다. 타이오펜탈나트륨은 1934년에 개발되었으며, 도입 초기부터 논쟁을 불러일으켰다. 사실 이 약물은 제2차 세계 대전 당시 진주만 습격 직후 부상병을 치료하는 마취제로 쓰이기 시작한 것이었다. 당시에 수술을 받던 병사들 몇 명이 이 약 때문에 죽었다는 의심이 만연했다. 약물이 죽음의 원인은 아니었을 거라는 후속 보고가 있었음에도 말이다. 타이오펜탈나트륨은 소량 투약 시 마치 1940년대와 1950년대의 할리우드 영화에 나오는 것처럼 '자백 유도제'로 사용될 수 있었다. 미국 전역에서 한 개 주를 제외한 35개의 주에서 사형집행 시 이 약을 치사 주사한 전례가 있다. 하지만 2011년에 이르러 그 공급량이 모두 고갈되고 말았다. 게다가 약을 독점 제조해 온 회사는 생산을 중단하겠다고 선언해 버렸다. 또한 타이오펜탈나트륨을 생산하는 유럽의 회사들에게는 이미 수출 금지령이 내려졌다. 유럽연합에서는 사형제도가 불법이기 때문이다.

사정이 이렇게 되자 사형제도가 존재하는 미국의 여러 주는 인증되지 않은 약물을 사용하기 시작했다. 바로 펜토바르비탈pentobarbital이라는 약물로, 원래 아주 심한 간질을 치료하기 위해 인증을 받은 약이었다. 그러나 2016년 5월에 이르러 제약사인 화이자는 펜토바르비탈의 유통에 엄격한 전면제재를 가했다. 치사 주사에 이용되지 않게 하려는 고의적 움직임이었다. 그리하여 〈뉴욕 타임스〉의 보도에 따르면, 비정부 기구인 '인권 관용 유예Human Rights Charity Reprieve'의 대표가 다음과 같이 선언했다고 한다. "사형집행에 이용될 가능성이 있는 약물을 생산하는 미 식약청의 승인을 받은 모든 제조사들은 사형집행의 목적으로 그 약물들을 판매할 수 없다."

이렇게 사형집행 약물의 생산 공급 라인에 재제가 가해지면서, 미국 내 사법에 의한 사형은 감소하기 시작했다. 사형제도 정보 센터Death Penalty Information Center(실제로 있는 기관이다)에 따르면, 치사 주사용 약물이 고갈되면서 예정 사형집행 수도 극적으로 줄어들었다고 한다. 1999년에는 98건의 사형이 집행되었으나, 2015년에는 28건에 불과했다는 것이다.

죽음의 롤러코스터

미국 내에서 사형제도를 옹호하는 주에서는 치사 주사용 약물의 부재에 따라 총살 집행대나 전기의자를 다시 도입하고 싶을지도 모른다. 안락사와 조력 자살assisted suicide이 합법인 유럽 국가들에서는 아직도 타이오펜탈나트륨과 펜토바르비탈이 사용되고 있다(혹은 적어도 사용이 암묵적으로 허락되고 있다). 그러나 '인간적인' 자발적 죽음이 항상 경직된 느낌일 필요는 없다.

아리아의 춤 선생인 시리오 포렐Syrio Forel의 "우리가 죽음의 신에게 뭐라고 말해야 하지?"라는 질문을 기억하는가? 이 질문에 "죽음은 오늘 옵니다(원래 대사는 "죽음은 오늘은 오지 않아요"이다)"라고 답할 사람들은 아마 런던 왕립 미술학교의 박사과정 학생인 율리요나스 우르보나스Julijornas Urbonas가 디자인한 '안락사 롤러코스터Euthanasia Coaster'를 매우 마음에 들어 할 거다. 만약 이 글을 유원지에서 읽고 있다면, 이 문단은 건너뛰라는 주의의 말을 건넨다.

안락사 롤러코스터는 가상적 '죽음의 기계'와 같은 것이라고 우르보나스는 말한다. 그는 이 기계로 사람들은 '환희에 찬, 우아한 죽음'을 맞게 될 거라고 주장한다. 우르보나스는 세계에서 가장 오래된 롤러코스터 제조회사 사장의 말에서 영감을 얻었다고 한다. "최고의 롤러코스터는 운행이 끝날 때쯤 탑승자들을 모두 죽음으로 이끄는 게 아닐까요."

우선, 탑승자들은 롤러코스터를 타고 매우 가파른 경사면을 오른다(그러니 적어도 내려가는 전망은 끝내줄 거다). 그러고는 이내 510미터에 달하는 언덕을 따라 급강하 하는 것이다. 이때의 속도는 초속 100미터에 달한다(중력가속도 수치는 10이다). 언덕의 밑 부분에 다다르면, 롤러코스터는 회전하는 일곱 개의 루프를 지나게 되고, 탑승자들은 세계에서 제일 무섭다고 하는 놀이기구들의 열 배의 중력에 달하는 힘에 짓눌린다. 그래서 결국 뇌저산소증(뇌에 산소 공급이 부족한 증상)에 시달리다 죽음을 맞이하게 되는 것이다.

스나크와 그럼킨, 그리고 요정: 우리가 이들을 믿고 싶은 이유

존 스노우는 티리온 라니스터에게 밤의 경비대의 역할은 '문명 세계를 보호하는 일'이라고 말한다. 티리온은 이 말에 조롱하듯 끼어들며 말한다. "꽁꽁 얼어붙은 북쪽에 있는 거라곤 그럼킨과 스나크들 뿐이야." 비슷하게, 화이트 워커들 또한 유모들이 아이들을 겁주려고 거론하는 대상에 불과했다. 장벽을 지키는 밤의 경비대원들은 칠왕국의 모두가 자신들을 철석같이 믿는다 생각했지만, 세련된 웨스터로스인들은 그런 동화 같은 존재들을 믿지 않았던 것이다.

하지만 이야기가 시작하자마자, 독자들과 시청자들은 티리온이 틀렸음을 알게 된다. 화이트 워커의 존재를 둘러싼 마법은 실존했던 것이다. 일명 '다른 자들'인 화이트 워커들은 다섯 왕국의 왕들의 혈투보다 더 강력한 위협이었다. 〈왕좌의 게임〉의 묘미는 화이트 워커를 둘러싼 믿음과 의심이 칠왕국을 넘나드는 데 있다 해도 과언이 아니다.

사실 우리는 스나크와 그럼킨에 대해 거의 아는 바가 없다. 이들은 마치 우리의 세상에서 요정과도 같은 존재인 건 분명해 보인다. 그럼킨이 세 가지 소원을 들어준다는 부분까지 말이다. 한편, 웨스터로스에 최초로 살기 시작했던 존재인 숲의 아이들도 우리 세상의 요정들과 비슷한 구석이 있다. 숲의 아이들이 쓴 마법이 어긋나서 화이트 워커가 탄생하기도 했지 않는가. 조지 마틴은 직접 화이트 워커를 '애스시Aos Sí'에 비교하기도 했다. 애스 시란 아일랜드와 스코트랜드의 신화에 등장하는, 조상의 무덤가에 산다고 알려진 초자연적인 부족이다.

우리의 세상에도 요정과 도깨비, 엘프와 그 외의 숨어사는 존재들을 믿는 이들이 많다. 모든 이들에게 요정 이야기는 어떤 식으로든 의미가 있었을 것이다. 예를 들어 그림 형제는 어른들을 즐겁게 하기 위해 요정 이야기들을 수집하고 다녔다. 또한 전 세계의 수많은 이야기꾼들이 "옛날 옛적에는…"으로 시작하는 얘기를 읊으며 밤을 지새우곤 했다. 그러나 20세기 전반에 걸쳐서는 사정이 달라졌다. 요정을 믿는 이들과 불신하는 이들이 초자연적 존재의 효과에 대해서 대립된 논쟁을 벌인 것이다.

이 양쪽 진영을 가르는 가장 유명한 사건이 바로 '코팅리 요정사건Cottingley Fairies'이다. 이 사건은 서로 사촌인 두 명의 소녀들이 요정과 노니는 모습이 찍힌 다섯 장의 사진을 둘러싸고 벌어졌다.

1917년 영국 요크셔의 코팅리라는 마을에 열여섯 살의 엘시 라이트Elsie Wright와 그녀의 사촌인 아홉 살의 프랜시스 그리피스Frances Griffith라는 소녀가 살고 있었다. 두 소녀는 코팅리 개울 주변에서 몇 시간이나 놀면서 지내곤 했다. 하루는 집에 돌아온 두 소녀가 엘시의 부모에게 자신들이 요정들을 만났노라고 말했다. 하지만 가족들은 그 말에 시원찮은 반응을 보였다. 그리하여 엘시는 어느 날 아버지의 카메라를 빌려서 나갔고, 아주 의기양양하게 돌아왔다. '요정들의 증거'를 카메라에 담았다는 거였다. 결국 엘시와 열정적인 아마추어 사진가였던 그녀의 아버지는 개인 암실에서 유리 건판 사진들을 인화하기에 이르렀다. '요정들의 사진'을 본 엘시의 아버지는 회의적인 태도였으나 엘시의 어머니는 달랐다. 자신이 수강하던 요정을 주제로 한 강의에 이 사진들을 들고 나간 것이다. 결국 사진들은 전문가와 학자들에게 선보여졌고, 논란은 제대로 불붙기 시작한다. 이에 감명을 받은 추리소설의 거장 아서 코난 도일은 한 유명 잡지의 크리스마스 특집호에 요정에 대한 글을 썼을 정도였다.

사실 요정 사진에 쓰인 유리 건판의 특성상, 인화된 이미지를 세세하게 판독하기란 힘든 일이었다. 오늘날에는 이상 현상이 담긴 사진들은 일단 일반적인 검사를 거치기 마련이다. 게다가 아주 세밀한 부분까지도 샅샅이 파헤쳐서 분석이 가능하고 말이다. 그러나 100년 전에는 요정 종족의 사진들을 놓고 아주 가까이 들여다본다고 해결될 문제가 아니었다.

결국 코난 도일의 적극적 요청에 따라 1920년대의 여러 사진 전문가들이 나서서 사진의 정당성을 증명하기에 이르렀다(유명 필름 제작사인 코닥에서 보낸 이들도 몇 명 있었다). 하지만 이들도 사진들이 정말 요정의 모습을 담은 것인지는 확답하지 못했다. 다만, 사진들이 '조작되었다'는 명백한 증거는 보이지 않는다고 할 뿐이었다(그렇다고 이들이 "이 사진들은 진짜예요, 요정들은 실재합니다, 여러분!"이라고 외치고 다닌 건 아니다). 반면, 요정들의 존재를 믿는 사람들이 있다는 사실조차 비웃는 이들도 있었다. 사진들이 증거가 되든 말든 말이다. 이렇게 이를 둘러싼 논쟁은 끊일 줄을 몰랐다.

코난 도일은 연역적 추리를 하는 셜록 홈즈의 이야기를 써서 명성을 쌓아 올렸다. 그러나 초자연적인 문제에 지나치게 관심을 가졌던 탓에 많은 지인들이 그에게 등을 돌리기까지 했다. 한 예로 마법사 해리 후디니는 코난 도일의 강령회séances(산 사람들이 망자와 대화를 시도하는 모임)에 대한 열성적인 믿음 때문에 그와 사이가 멀어졌다고 한다. 그럼에도 코난 도일의 요정 사진에 대한 믿음을 지지하는 사람들은 많았다.

사실 이 요정 사진 사건은 유럽에서 대 격변의 시대에 발생한 일이다. 사진들이 찍힌 1917년은 제1차 세계대전이 한창이던 때였다. 그리고 사진들이 대중 앞에 본격적인 선을 보인 것은 전쟁이 끝난 지 2년 후인 1920년에 들어서였다. 이 무렵 사람들은 전투에서 무참히 희생된 아들들과 아버지들, 형제들 및 남편들에 대한 집단적인 그리움에 시달리고 있었다. 이때 '짠' 하고 소녀들과 요정들 사진이 나타난 것이다. 요정들이 딴 꽃을 들고 춤을 추는 모습은 순수함과 신비함을 갈구하던 세상의 요구와 맞아떨어졌다. 그 수많은 피 흘림과 공포가 지난 후에 말이다.

이야기는 그걸로 끝이 아니었다. 반전이 기다리고 있었던 것이다. 프랜시스의 아버지는 요정 사진들을 처음 보자마자 프랜시스가 '종잇조각들'을 사진 찍으며 난장판을 만들었다고 놀렸다고 한다. 1970년대에 들어 미국의 마술사이자 초자연적 현상의 '진상 폭로 전문가'인 제임스 랜디James Randi는 바로 그 말에 주목했다. 그리하여 1917년의 요정 사진들이 바로 몇 년 전에 출판된 『메리 공주의 선물 책Princess Mary's Gift Books』이라는 그림책 속의 우아한 요정 삽화들과 놀라울 정도로 닮았다는 것을 밝혀냈다. 사진과 삽화 속의 요정들은 같은 옷을 입었고, 포즈도 같았다. 두말할 필요 없이 사진 속 요정들은 삽화와 판박이였다. 요정이라 여겼던 것이, 사실은 삽화를 오려낸 종잇조각에 불과한 게 명백했다.

이 폭로 기사는 1978년 《뉴 사이언티스트》에 맨 처음 실렸다. 랜디는 최신 기술로 사진을 확대하자 종잇조각 요정들을 매달은 줄이 발견되었다고 주장했다. 하지만 요정만큼이나 문제의 줄도 실제로는 존재하지 않았다. 결국, 엘시는 모든 것을 자백하기에 이른다. 그 옛날 소녀들은 멋지게 그려진 요정 그림들이 빳빳이 서 있도록 모자를 고정하는 핀을 교묘히 이용했던 것이다. 엘시와 요정 난장이가 함께 찍힌 사진을 자세히 보면 핀 끝이 살짝 보임을 알 수 있다. 코난 도일도 이 의문의 까만 점을 예의주시했었다. 그러고는 이 점이 난장이의 배 부분에 위치하는 것으로 보아, 배꼽이 틀림없다고 넘겨짚었던 것이다. 게다가 배꼽이 있기에, 요정들도 인간과 마찬가지로 탯줄을 통해 아기가 태어난다고까지 결론을 내렸다(만약 그 핀의 끝이 사진의 다른 곳을 집었다면, 셜록 홈즈의 창시자가 요정 신체 해부학에 또 어떤 결론을 내렸을지 누가 알겠는가). 그러나 사람들은 때때로 우리가 보는 걸 그대로 믿고 싶어 하는 모양이다. 신봉자든 회의론자든 간에 말이다.

사실 엘시와 프랜시스는 종종 자기들이 뭔가를 목격한 시간 서술을 다르게 한다든지, 자신들의 생각을 사진에 투영한다든지 해 왔다. 그러다가 결국 엘시가 모든 게 거짓 속임수였음을 자백하고 만 것이다. 그러나 프랜시스는 여전히 마지막으로 찍은 다섯 번째 사진만은 진짜라고 주장했다. 다섯 번째 사진은 요정들끼리만 풀밭에 모여 있는 사진이었다. 요정들은 반투명한 모습을 하고 있는데, 아마도 사진 촬영의 이중노출 기법 때문인 것으로 보인다.

한편, 사진들 중 요정 하나가 버섯 위에 올라가 있는 사진을 본 심리학 교수 리처드 와이즈먼Richard Wiseman은 두 소녀들이 뛰어 놀던 코팅리 개울가의 식물 분포 상황에 주목했다. 사진을 통해 당시 개울가 주변에는 버섯들이 다량 분포돼 있었음을 알 수 있었다. 그리고 그중 많은 버섯들이 실로시빈psilocybin임이 밝혀졌다. 이는 환각성 복합물인 실로시빈과 프실로신psilocin이 포함된 버섯으로, 환각 작용을 일으키는 것으로 유명하다.

이쯤 되면 왜 소녀들이 자기들의 속임수를 밝히기를 꺼려했는지는 분명해 보인다. 게다가 어린 시절에 환각제 버섯이나 먹으며 해롱댔다는 사실을 밝혀서 상황을 더 악화시키고 싶지 않았을지도 모른다. 물론 이들이 환각 작용을 위해서 일부러 버섯을 먹었던 거 같지도 않지만 말이다. 하지만 어쨌든 그런 이유에서 마지막 순간까지 사진들이 거짓이 아니라고 우겨댔을 가능성은 농후하다. 정말로 요정들을 개울가에서 똑똑히 보았노라고 말이다.

♫ DERRR
DUUURGH
DER DER DUHHH
DER DER DUHH ♫

사실, 유럽의 전통 설화에 따르면 요정들과 버섯 사이에는 오랜 상관관계가 있다. 요정이 남기고 간 흔적이라 일컫는 원 모양은 그 지름이 1미터 미만에서 크게는 10미터에 이르며, 탁 트인 초원이나 숲속에서 발견된다고 한다. 이 '요정의 원'은 때로 '엘프 서클[elf circle]'이라 불리기도 하며, 정말로 아름다운 광경을 자아낸다. 설화에서는 이 원이 요정들이 둥글게 원을 그리며 춤을 추어서 생긴 거라고 알려져 있다. 그렇다면 실제 이 원들의 정체는 뭘까? 사실 이 원들은 곰팡이 균사체[fungus mycelium]가 원 모양을 그리며 모여 있는 것이다. 60종류가 넘는 버섯들이 이런 원 모양으로 자라난다고 한다.

이 비슷한 마법의 족속과 환각제 섭취 간의 관계가 〈왕좌의 게임〉 속 세상에서도 등장한다. 바로 브랜 스타크의 환영 속에서 말이다. 브랜은 드디어 동굴로 가는 길을 찾아 자신의 정신적 안내자이자 스승인 블러드레이븐을 만난다. 그때 브랜은 요정들과 비슷한 모습을 한 숲의 아이들도 보게 된다. 그리고 곧 고대 위어나무의 수액으로 만든 죽 한 사발을 건네받는다. 그 죽을 먹는 순간, 브랜은 과거와 미래의 환영들을 보게 된다. 그린시어로서의 능력에 대한 자신감을 일깨우는 순간이었던 것이다.

엘시와 프랜시스가 정말로 버섯 환각 파티를 벌였는지는 모를 일이다(도덕적 평가는 삼가기로 하자). 하지만 이 똘똘한 소녀들의 장난에는 어딘가 이상하면서도 아름답고, 심지어 감동적이기까지 한 요소가 있는 것도 사실이다. 마법을 정말로 믿기를 간절히 원했던 세상에, 잠시나마 마법을 선보였으니 말이다.

노인이 된 프랜시스는 작고하기 몇 년 전인 1985년에 아서 클라크가 진행하는 인기 TV 쇼인 〈신기한 힘Strange Power〉에 출현해 인터뷰를 했다. 그녀는 자신이 소녀였을 때, 진실을 말하기가 너무 부끄러웠노라고 털어놓았다. 사촌과 함께 찍은 요정 사진들이 코난 도일 같은 매우 명석한 사람의 마음을 매혹시킬 지경에까지 이르렀기 때문이었다. "사실 요정 사진들이 사기라고 생각해 본 적도 없어요. 그저 엘시랑 즐겁게 놀았을 뿐이었으니까. 아직까지도 왜 사람들이 속았는지 모르겠네요. 그저 속고 싶었던 건지도 모르죠."

전쟁의 소용돌이와 무자비한 학살 뒤에 사람들이 영적인 만족감, 순수함에 목말라하는 광경은 늘 반복되는 일이다. 웨스터로스에서도 이와 비슷한 일이 일어난다. 바로 웨스터로스의 대표적 종교인 일곱신교Faith of the Seven의 극단주의자들이 무장을 하고 '종교의 반란'을 일으킨 사건이다. 이러한 영적인 열정의 부활은 파괴적이고 잔인했던 '다섯 왕의 전쟁War of the Five Kings'의 직접적인 결과라고 할 수 있다. 환경 심리학자들은 평화의 시대에도 영적인 믿음은 여러모로 많은 이점을 가져다준다고 말한다. 예를 들어 한 연구에서는 세속적인 사람들도 목적과 의미가 있는 삶을 살아가지만, 영적이거나 종교를 가진 사람들은 어려움 속에서도 삶에 평화와 안전함을 느끼며 산다고 한다. 자신의 통제에서 벗어난 초자연적인 존재에 믿음을 두기 때문이라는 것이다.

무엇이 신봉자를, 회의론자를 만드는가?

이제 우리는 마법이 칠왕국 내에 정말로 살아 숨 쉬는 위력임을 안다. 하지만 붉은 마녀 멜리산드레의 예언이나 화이트 워커, 숲의 아이들을 믿는 등장인물들이 있는 반면, 얼음과 불의 왕국에는 단호하게 회의적인 입장인 인물들도 많다.

우리의 세상에서는 뇌 과학자들과 심리학자들이 왜 어떤 이들은 초자연적인 대상을 믿고, 어떤 이들은 이를 비웃는지에 대한 연구에 많은 관심을 기울여왔다.

이에 따라 왜 어떤 이들은 예를 들어 '인어가 존재한다'라는 생각을 받아들이고, 어떤 이들은 이를 비웃는지에 대한 많은 흥미로운 이론이 나왔다.

그중 한 가지는 초자연적인 현상을 믿는 사람들은 아무런 규칙도 정해져 있지 않는 상황에서 일정한 패턴을 보는 경향이 있다는 것이다. 예를 들면, 이들은 휴일에 찍은 가족모임 사진에서 제인 할머니 뒤에 귀신이 튀어나오는 걸 봤다는 식의 주장을 한다. 또, 자신의 꿈에서 그 다음날의 뉴스 헤드라인과 똑같은 상황을 봤고, 그래서 그 꿈이 계시였다든가 하는 식으로 말한다. 몇몇 과학자들을 이러한 현상을 설명하기 위해 철저히 학술적인 접근을 시도했다. 그 결과, 상황에 특정 패턴을 만들어 내는 데 열성적인 사람들은 높은 도파민(신경 세포들 사이에 신호를 전달하는 신경전달물질) 수치가 그 이유라는 주장을 내놓기도 했다.

이러한 이론을 뒷받침하는 한 연구를 살펴보기로 하자. 이 연구에서는 회의론자인 참가자들에게 도파민 수치를 높이는 약물을 섭취하게 했다. 그러자 곧 참가자들은 여러 후속 테스트에서 우연의 일치, 혹은 존재하지 않는 패턴의 발견 등을 경험하기 시작했다. 도파민 수치가 오르기 전, 회의적인 참가자들은 연구원이 그들 앞의 스크린에 빠르게 비춘 단어나 얼굴들을 자주 놓치곤 했다. 하지만 약을 먹은 후에는 우연과 패턴의 출현을 더 잘 발견하고, 빠르게 지나가는 얼굴 모양이나 단어들까지도 진짜처럼 느끼기 시작한 것이다. 사람마다 뇌 속을 훑는 도파민의 양은 모태 내에서부터 어느 정도 정해져 있다. 따라서 이 이론에 따르면 정말 어떤 이들은 '믿음을 가지고' 태어나는 것이나 마찬가지다.

이 비슷한 연구들 가운데, 개인적으로 가장 마음을 끄는 것은 확률에 관한 이론이었다. 말하자면 초자연 현상을 믿는 사람들일수록, 확률 이론에 대해서 잘 모를 가능성이 높다는 것이다. 왜 이런 일이 발생하는지 아마 쉽게 알 수 있을 거다. 예를 들어, 만약 당신이 돈을 버는 꿈을 꿨다고 가정해 보자. 그런데 갑자기 친구에게 온 전화 소리에 잠을 깬다. 친구는 자기가 로또에 당첨됐다고 호언장담을 하는 게 아닌가. 하지만 실은 당신은 거의 매일 밤마다 꿈을 꾼다. 그러니 우연찮게 꿈을 꾼 내용이 다음날 현실에서 일어난 일과 비슷할 가능성도 있는 거다. 그러나 만약 당신이 이런 확률 이론에 대해 잘 모른다면, '내 꿈이 친구의 로또 당첨을 예언한 게 틀림없어'라고 믿고 싶게 되는 것이다. 이 꿈의 예언에 대한 대가를 요구할 것인지에 대한 또 다른 심리학적 측면도 있다. "내가 1994년에 5달러를 빌려준 것도 있고 말이지…" 하면서. 아 잠시 얘기가 다른 데로 샜다.

다시 이야기에 집중해 보기로 하자.

당신이 길을 걸어가다 스미스 부인을 만났다고 가정해 보자. 이 스미스 부인은 자녀가 둘이 있다(그걸 어떻게 아는지 궁금하다면, 아마 그녀가 '올해의 두 자녀를 둔 어머니 상'이라고 쓰인 티셔츠를 입고 있기 때문인지도 모른다). 어쨌든, 스미스 부인은 옆에 있는 둘째 자녀를 당신에게 소개한다. 이 아이를 편의상 셰익스피어 스미스Shakespeare Smith라고 부르기로 하자.

"이 잘생긴 애가 우리 아들이랍니다!"라고 스미스 부인이 함박웃음을 띠며 자랑을 한다.

그렇다면 다른 첫째 자녀가 딸일 확률은 얼마나 될까? 이 질문을 처음 들었을 때, 필자는 이렇게 생각했다. '쉬운 문제로군. 2분의 1이잖아! 엄청 단순하네'라고. 하지만 그건 답이 아니었다. 스미스 부인의 아이들 성별은 다음 네 가지 시나리오를 가지고 있다.

1. 첫째가 딸이고 둘째가 딸인 경우
2. 첫째가 딸이고 둘째가 아들인 경우
3. 첫째가 아들이고, 둘째가 딸인 경우
4. 첫째가 아들이고 둘째가 아들인 경우

물론 우리는 스미스 부인의 아들이 우리 앞에서 '나는 스미스 부인의 아들'이라 쓰인 티셔츠를 입고 있음을 안다(왜냐하면 스미스 가족은 매우 솔직한 가족이니까). 그래서 1번은 사실이 아니다. 그럼 진실은 2, 3, 4 중 하나일 것이다. 이 셋 중 두 가지 가능성이 '스미스 집안의 다른 자녀는 여자이다'라는 사실을 말하므로(이 아이를 실라 스미스Sheila Smith라 해 두자) 최종 확률은 3분의 2인 것이다.

이 이론은 현실에서 바로 적용이 가능하다. 예를 들어, 이다음에 매우 매력적이지만 여자 친구가 있는 남성을 만나면, 가지고 있던 봉투

뒷면에 재빨리 이런 확률을 계산해 본 후 물어 보면 되는 것이다. "혹시 남자 형제는 없나요?" 하고 말이다.

확률 이론은 우리의 직관이 항상 수학적 정확성에 부합하지는 않음을 시사한다. 이 이론은 '아들 혹은 딸의 패러독스'라는 이름으로 1950년대에 유행했다. 이 이론의 창시자는 당시 많은 인기를 누렸던 수학자인 마틴 가드너Martin Gardner였다. 가드너는 마술사이기도 했고, 루이스 캐럴Lewis Carrol의 소설 『이상한 나라의 엘리스』의 열성적인 팬이기도 했다.

여하튼 이런 종류의 질문들이 회의론자와 신봉자들 앞에 수년 동안 던져졌다. 결과를 보면 회의론자들이 통계적 사고와 확률 판단을 요하는 문제에서 꾸준히 신봉자들보다 뛰어남이 드러났다. 이와 같은 확률 이론을 접하지 않은 사람이라면, 초자연적인 설명을 믿을 가능성이 있다. 어쨌든 우리 인간들은 모든 사건에 설명이 필요하니 말이다.

아마 그 반대도 사실일지 모른다. 굉장히 이성을 강조하는 환경에서 자라나서 통계와 숫자, 측정에 능숙한 사람이라면 초자연적 현상들에 대해 그다지 신경 써 본 적이 없을 테니까. 아마 '왜 오늘은 이렇게 운이 나쁜지'에 대한 합리적인 설명을 찾으려고 노력할 공산이 크다.

어느 날 당신이 아침에 일어나 보니 비가 오고 있었다고 가정해 보자. 그런데 출근하는 길에 달리던 버스가 그만 당신에게 흙탕물을 튀기고 지나가는 게 아닌가. 그런가 했는데 갑자기 구두 굽이 빠져 버리고 만다. 천신만고 끝에 직장에 다다르니 상사가 심각하게 당신이 정리 해고 되었다고 통보를 하는 거다. 이럴 때 당신이 합리적인 타입이라면 어떻게 사고를 할까? 아마 최근에 동네의 지방자체장이 도로 관리 예산을 삭감해서 비가 내릴 때마다(게다가 원래 이맘때 비가 많이 내린다) 마치 웅덩이 같은 포트홀porthole(아스팔트 포장 표면의 작은 구멍)이 여러 개 생긴다고 말한 게 떠오를지 모른다. 그리고 잠시 생각해 보니, 굽이 나간 구두는 세일해서 겨우 7달러 남짓했었다. 어쩌면 싼 게 비지떡이었을까? 마지막으로, 동종 업계의 고용 통계를 보니 당신과 같은 직업으로 먹고 사는 사람들의 수가 지난 10년간 20퍼센트나 줄었다고 한다(이런 사고를 가진 당신이라면 아마 하루의 불운을 '마녀의 장난' 탓으로 돌리는 일은 없을 거다).

이런 식으로 올바른 결론에 도달했다면, 축하한다. 경의를 표하는 바이다. 당신은 합리적인 유형의 사람이니까. 그러나 올바르지 않은 결론에 도달했다면(필자도 그런 사람들 중 하나이다), 당신은 좀 더 직관적이고, 초자연적인 현상을 믿을 가능성이 높다. 그러니 다음 주 로또 당첨 꿈을 미리 꾼다면, 필자에게도 전화로 꼭 귀띔을 해 주길 바란다.

유전자(Gene)와 지니(Genie)

만약 우리의 세상에서 신선하고 근사한, 수정란 상태의 드래곤 알들을 손에 넣게 된다면 어떨까? 정말로 과학의 힘을 이용해 이를 부화시킬 수 있을까? 2006년 《이코노미스트》에서는 유전자 중복 기업Gene Duplication Corporation 소속의 수장 과학자인 파울로 프릴Paolo Fril에 대한 기사를 실었다. 그는 언젠가 드래곤, 그리폰gryphons과 유니콘unicorn 등을 비롯한 전설 속의 동물들 군단을 창조할 목적으로 현재 이에 대한 컴퓨터 모델을 작성 중이다. 그러나 어느 정도 예상하겠지만, 그 과정의 여러 부분이 꽤나 까다롭다. 그럼에도 《이코노미스트》에서 언급한 대로 "그는 만약 드래곤의 브레스만 제대로 재현한다면, 드래곤들이 세상을 불바다로 만드는 일도 가능할 거라고 믿고 있다."

물론 많은 연구원들이 프릴의 목표를 불가능한 시도라고 생각한다. 그러나 그보다 더 많은 수의 과학자들은 기사가 쓰인 날짜가 4월 1일, 즉 만우절이라는 것이 포인트라고 생각하는 듯하다. 하지만 지금부터 몇 년만 앞당긴다고 가정해 보자. 그러면 새로운 유전자 편집기술인 크리스퍼 카스9CRISPR-Cas 9이 도입되 있을 확률이 높다. 갑자기 온 세상이 끝없이 흥미로운 가능성들로 가득 차 있는 기분이 들지 않는가?

크리스퍼 카스9은 한마디로 유전자 가위라고 할 수 있다. 과학자들은 이를 가지고 게놈의 일부분을 잘라 내어 분자 레벨의 정확성을 지닌 유전자 편집을 수행하는 것이다. 가위질로 생성된 '구멍'에는 다른 유전 물질 조각을 붙인다. 그렇게 방금 잘라 낸 곳을 메꾸는 것이다. 한마디로, 과학자들은 현재 극소 크기의 반짇고리를 손에 넣었다고 보면 된다. 그래서 정말 기술이 좋은 과학자라면 이를 가지고 언젠가 생명의 기본적 사항들을 더 멋지게 다듬어 디자인하는 게 가능한 것이다.

현재 에마뉘엘 샤르팡티에Emmanuelle Charpentier와 제니퍼 도두나Jennifer Doduna 교수는 크리스퍼를 발전시킨 공로로 노벨화학상을 수상할 가능성이 높다. 게다가 오늘날 대학교의 생물학과 학생들은 크리스퍼 기술을 '간단한' 게놈 조작 프로젝트에 사용하고 있는 실정이다. 이러한 추세는 시작에 불과하다. 이에 사람들은 유전자 '편집' 기술이 우리 사회에 큰 도움이 되기를 희망하는 입장이다. 예를 들어, 말라리아균을 가진 모기의 유전자를 변형해서 무해하도록 바꾸는 일 같은 것이다. 그러면 한 해에 적어도 거의 대부분이 어린 아이들인 몇 만 명의 피해자가 사망하는 일을 막을 수 있을 테니까. 바이러스도 게놈을 지닌다. 따라서 미래에는 크리스퍼를 이용해서 후천성면역결핍증도 변형시킬 수 있을지도 모른다. 또한 암 환자 자신의 면역 세포를 크리스퍼로 조작한 뒤, 암세포를 타깃으로 삼아 이를 제거하는 기술이 현재 시험 중에 있다.

일단 유전자 편집이라는 지니genie가 마법의 램프에서 튀어나왔으니, 이제부터 우리는 진정한 묘미를 느낄 수 있게 될 것이다. 2015년, 미국 위스콘신 의학 및 보건 대학교의 알 차로R Alta Charo 교수와 스탠퍼드 의과대학의 헨리 그릴리Henry T Greely 교수는 공상과학 영화에 나올 법한 과학을 현실화하는 데 크리스퍼가 어떤 역할을 할 수 있는지에 대한 논문을 펴낸 바 있다.

생명 윤리학자인 저자들은 이런 질문을 던진다. "만약 아무 동물이나 식물, 미생물을 창조할 수 있다면, 무엇을 창조하겠습니까?" (참고로 필자는 '길들여진 황금 벌새 한 떼와 배우 채닝 테이텀Channing Tatum이요'라고 답할 것이다.)

이와 관련해 이들은 이렇게 경고한다. "크리스퍼는 물리학의 법칙을 거스르는 게 아닙니다. 그러니 하늘을 나는 말은 탄생시킬 수 없지요. 게다가 생물학의 법칙은 어떤 변형은 허락하지 않아요. 예를 들어 움직이는 바퀴가 달린 큰 짐승은 존재할 수 없지요. (그렇담 너무 따분한 거 아닌가?) 하지만 현재 게놈 편집 기술과 DNA의 작동 원리에 대한 우리의 이해가 큰 발전을 이뤘기에, 사실 어떤 동물이든 탄생시킬 가능성이 있어요. 그러니 백만장자가 딸의 생일선물로 유니콘을 선물하는 일도 얼마 안 가 가능할지도 모릅니다. 또 누군가는 정말로 드래곤을 디자인하고 탄생시킬지도 모르는 일이고요."

하지만 이런 전제를 제시하며 저자들은 재차 경고의 말을 건넨다. 물리의 힘과 생물학적 한계가 하늘을 날고 파이어 브레스를 내뿜는 드래곤의 창조를 방해할 거라고 말이다(1장을 참조하길 바란다). 물론 겉모습이 유럽 혹은 아시아의 용과 꽤나 흡사한 매우 큰 파충류는 탄생할 수도 있다는 것이다. 하늘을 날지는 못하지만, 날개를 펄럭이는 것 정도는 가능할 거라고.

한편, 유전공학이라는 새로운 프런티어를 다스리는 데 필요한 법적 문제는 그 양상이 매우 복잡하다(법적인 이슈들이 많고 복잡하기에, 아마도 앞으로 오랫동안 전 세계 실험실과 법정에서 논의될 것이다). 따라서 유전공학 관련 업무 중 상당수가 한동안 불법으로 규정되지 않을지도 모른다. 그렇기 때문에 몇몇 자유로운 '생명공학 활동가' 혹은 '바이오 해커'들이 급부상할 수도 있다고 저자들은 말한다. "예를 들어 파란색 꽃을 원래대로 흰색으로 되돌려 놓는다든가, 엄격한 채식주의자용 치즈에 들어갈 프로틴을 만든다든가 하는 거죠. 이런 일들을 집에서 혹은 비공식적인 동네 실험실에서 한다는 겁니다." 오늘날은 채식주의자용 치즈 정도인지 모르지만, 언젠가 그게 드래곤이 될지 누가 알겠는가?

조지 마틴은 소설을 통해 유전학에 대한 많은 관심과 지식을 선보였다. 혹시 조지 마틴도 아주 아주 작은 가위를 들고 유전자를 편집하느라 바쁜 건 아닐까? 그래서 속편 소설 쓰기가 그렇게 늦어지는 걸까?『왕좌의 게임』팬들이 정말 참을성이 많아서 다행이지 뭔가.

유전학자의 질문 시간

밤낮으로 일해서 판타지 소설의 생물을 현실로 재현해낸다는 건 정말 멋진 일처럼 들린다. 하지만 동물을 한 마리 디자인하려면, 우선 그에 관련된 원칙을 알아야 한다. 그러나 이에 대한 우리의 지식은 현재로써는 보잘 것 없는 수준이다.

유전학과 유전자와 씨름하는 과학자들은 정말로 신기하고도 모순적인 세상에 살고 있다 해도 과언이 아니다. 모든 것이 처음 생각과는 다를 테니까. 예를 들어 생물이 복잡한 형태일수록, 유전 물질이 더 필요할 거라고 우리는 논리적으로 생각하기 쉽다. 그런데 사실 그렇지 않다. 그런 원칙이 아닌 것이다. 라즈베리 같은 단순한 과

일이 필자나 독자 여러분보다 DNA를 8퍼센트나 더 많이 갖고 있으니까. 그렇다면 양파 같은 소박한 채소는 어떨까? 양파는 일명 '양파 기사Onion Kight'이라 불리는 다보스 시워스 경Sir Davos Seaworth보다 훨씬, 훨씬 더 많은 DNA를 지닌다. 물론 다보스 경 외 다른 어떤 사람들과 비교해도 마찬가지다.

사실 유전자의 배열 방식은 우리의 생각과는 사뭇 다르다. 또 유전자 조작을 연구하는 과학자들이 '그랬으면' 하고 바라는 바와도 다르다. 일상적인 비유를 한번 들어 보자. 일반인이 인간의 게놈을 생각할 때, 여러 종류의 유전자들은 서로 같은 부류끼리 특정 부위에 모여 있을 거라 생각하기 쉽다. 마치 슈퍼마켓의 한 코너에 비슷한 상품들끼리 모여 있는 것처럼. 말하자면, 눈에 관여하는 모든 유전자들(예를 들어 눈 색깔 등)은 '눈 코너'에 같이 있을 거라고 보는 것이다. 슈퍼마켓에서라면 치즈 그리고 치즈와 연관된 모든 상품들이 '치즈'라고 쓰인 냉장 코너에 있다고 생각하는 것과 같다. 하지만, 혹시 긴 토요일 밤의 끝에 난장판이 된 슈퍼마켓을 가 봤거나, 그런 곳에서 일해 본 적이 있는가? 인간의 게놈 배열은 마치 그런 어수선한 슈퍼마켓과 비슷하다. 빵 코너에서 빵 한 덩이를 집어 들었더니, 그 밑에 누군가가 끼워 넣은 탑기어Top Gear 사의 신상품 양말이 불쑥 나오는 격이다. 또 공기 방향제 코너에 갔더니, 여러 개들이 콘돔 한 상자와 스틸턴Stilton 사의 치즈 하나 빼고는 텅텅 비어 있는 경우도 있다. 또 헐레벌떡 서두른 고객 한 명이 고기 코너에 갔다가 장난감 전화기를 꿀을 바른 얇은 훈제 햄 포장들 사이에 내버려 두고 가기도 한다. '도대체 이게 왜 여기 있지?' 싶은 상황인 것이다. 슈퍼마켓 안 온갖 구석에 물건들이 너저분하게 널려 있는 그런 상황 말이다.

그럼에도, 결국 모든 것이 다 들어맞는다. 진화는 고유의 방식이 있기 때문이다. 어떤 유전자는 놀라우리만치 타 유전자와 잘 결합한다. 또 전혀 다른 어떤 유전자는 완전히 다른 특정 분야를 컨트롤한다. 하지만 어쨌든 수백만 년의 자연선택 과정을 거쳐서 유전자가 작동해 나가는 것이다. 마치 이런 식이다. 어느 일요일 아침, 게슴츠레한 눈을 뜨고 잠옷 차림으로 커피를 사러 나간다. 오는 중에 슈퍼마켓에 들러 신문을 산다. 그런데 집으로 오는 길에 보니 이게 웬걸. 신문 안에 아직도 차가운 저지방 우유 한 팩이 곱게 들려져 있는 게 아닌가. 그러고 보니 아침 식사용 시리얼에 쓸 우유가 떨어졌다는 사실을 깜빡하고 있었다. 말하자면, 신문 안에 우유가 있는지 몰랐지만, 생각해 보니 이미 샀던 거다. 결국, 이제 우유가 있으니 중요한 아침을 먹기만 하면 되는 것이다.

결국 생명공학의 가능성에서 핵심 이슈는 복잡하고 논리적이지 않은 게놈의 배열에서 유전자의 어느 부분을 잘라내고, 어느 부분을 변화시킬지를 아는 데에 달렸다. 현재로써는 아직도 어떤 유전자가 어떤 역할을 하는지를 알아내는 단계에 머물러 있다. 따라서 '적절한 역공학'을 하기에는 기술이 아직 충분하지 않은 것이다.

스코트랜드 소재 애버딘 대학교의 유전학자인 조너선 페티트Jonathan Pettitt는 생명공학의 현주소를 자동차에 비유해 설명한다. "재미난 '기상천외 레이스'가 펼쳐질지도 모르니, 시동을 단단히 거세요"라면서. 그에 따르면, 현재 유전학자들이 하는 일이란, 생물학적인 차원에서 자동차의 나사나 전선을 제거하는 일에 비유할 수 있다. 그러고 나서 자동차의 주행 성능에 어떤 영향이 미치는지를 살피는 것이다. 유전학자들이 만약 유전자 한 개를 제거한다면, 가끔은 특별한 이상이 생기지 않을 수도 있다("사실은 가끔이 아니라 자주 그렇지요"라고 페티트 박사는 말한다). 하지만 이런 의미일지도 모른다. "즉, 방금 에어백 기능을 제거했으니, 충돌이 일어나기 전까지는 기능 결함을 느끼지 못할 수도 있어요. 또한, 자동차의 열선 시트 기능이 제거됐지만, 자동차의 주행 자체에는 별 문제가 드러나지 않을 수도 있는 거지요. 반면, 어떤 때에는 뭔가 참혹한 일이 발생해서, 그 원인을 찾아내야 할 때도 있습니다. 예를 들어, 자동차가 협곡 도로를 달리던 중, 모퉁이를 돌지 못하는데도 직행하다가 돌덩이처럼 내동댕이쳐지거나 하면 말이지요." 이렇듯, 참혹한 일이 발생하는 여러 경우가 있지만, 그 이유를 모를 때가 많다고 페티트 박사는 말한다. 마치 차키를 꽂자마자 엔진이 터져서 불길이 치솟을 때처럼 말이다.

그렇다면 정말 엄청난 문제가 아닌가.
그러니 유전학자들이 분자용 가위로 원하는 변화를 만들어낸다고는 하지만, 그저 무작정 가능한 일은 아니다. 원하는 대로 변형해서

'맞춤형 게놈'을 생산하는 일은 있기 힘든 것이다. 애버딘 대학의 유전공학 최고 권위자로서 페티트 박사는 이렇게 고백했다. "사실 현재는 유전공학에 대한 지식이 형편없는 수준이에요. 마치 '프로젝트 런웨이'(미국의 리얼리티 쇼로 패션 디자이너들이 참가한다)의 가장 어설픈 참가자보다 아는 게 없는 수준이지요. 예를 들면, 특정 눈 및 머리카락 색깔을 공학적으로 설계하는 것도 힘들어요. 왜냐면, 그런 성질은 어느 한 유전자에 의해 결정되는 게 아니기 때문이죠. 여러 다른 유전자 변이들 간의 상호 작용으로 전혀 예상치 못한 결과가 초래되기도 하고요."

아니, 그렇다면, 사람의 키나 몸무게 변형과 같은 굵직하고 명백한 사안 정도는 유전학자들이 완벽하게 이해하고 있지 않을까? 페티트는 그것도 아니라고 답한다. 심지어 그런 사안에 있어서는 문제가 더 복잡해지기도 한다는 것이다. 우리는 사람의 키나 몸무게는 유전적 요소를 강하게 지닌다고 알고 있다. 예를 들면 키의 80퍼센트의 변이는 유전적 변이에 따른 것이라고 말이다. 나머지 20퍼센트가 모호하게 '환경적 영향'이라는 이름하에 기타 요소들의 영향을 받는다고 이해한다. 그렇다면 이론상 유전자 편집을 이용해 어떤 남자, 혹은 여자 아기를 마치 '거산' 그레고르 클레게인이나 타스의 브리엔만큼 키 크고 힘세게 만들 수 있는 걸까? 이는 복잡한 과제다. 왜냐면 한 인구 집단에서 키의 차이를 초래하는 데는 사백 개가 넘는 유전자들이 관여하기 때문이다. 게다가 하나의 유전자가 티끌만 한 차이만을 이끌어 낼 뿐이다.

다시 페티트 박사의 말을 들어 보자. "물론 어떤 유전자들에 대해서는 유전학자들이 상당히 많은 지식을 갖고 있어요. 예를 들면 '발생'을 컨트롤하는 유전자들 같은 것이지요. 아마 드래곤을 창조하려면 이런 유전자를 변형해야 할 겁니다. 그러나 정확성 면에서 높은 수준의 단계는 아닌 거지요. 더욱이 유전자들은 예상치 못한 방향으로 서로 간에 상호 작용을 하기도 하니까요. 재봉사 비유를 한번 들어 보죠. 재봉사가 열심히 일해서 원피스의 옷깃을 변형해 놨더니, 이제는 알 수 없는 이유로 단추를 잠그는 구멍들이 모두 사라져 버리는 격입니다."

어쩌면 완전히 다른, 좀 더 직접적인 접근이 유전공학에 성과를 가져다줄지도 모른다. 2016년에는 하버드 의대에서 관련인만 출입 가능한 모임이 열렸다. 이름하여 '인간 게놈 합성 프로젝트The Human Genome Project-Write'였다. 이 프로젝트는 파격적이고 야심찬 목표를 두고 있었다. 즉, 게놈 전체를 만들어 보겠다는 것이었다. 인간뿐 아니라 다른 동물들의 게놈까지도 말이다. 그 후, 그렇게 얻은 합성 DNA를 살아 있는 세포에 옮겨 작동하게 하는 것이다. 페티트 박사는 이렇게 지적했다. 이 프로젝트가 성공한다면, 밑바닥에서부터 드래곤의 게놈 전체를 디자인하는 게 가능해질지도 모른다고. 지금 봐서는 요원하게 느껴지는, 대담한 과제이긴 하지만 말이다.

왜 드래곤의 게놈 전체를 디자인하는 게, 크리스퍼를 이용해 유전자를 편집하는 것보다 나은 선택일 수 있을까? 만약 과학자들이 게놈 전체를 합성 가능하다면, 유전자를 더 자유자재로 조작하는 게 가능해질 수 있기 때문이다. 게다가 비용도 훨씬 절감될지도 모른다. 물론 인간 게놈 합성 프로젝트는 갈 길이 멀다. 실질적으로, 아직 '게놈을 창조해서 세포에 옮기는 과정'이 어떻게 진행될지 모르니 말이다. 게다가 그 과정에서 과학적, 윤리적 문제가 생길 수 있다. 한편, 도두나 교수와 다른 선구적인 생물학자들은 크리스퍼의 사용에 대해 전 세계적인 유예를 선포했다. 도두나 교수의 기술은 윤리적 문제가 과학자 및 대중들에 의해 평가를 거치기 전에는 사용해서는 안 된다는 입장인 것이다. 오늘날까지 유전자가 어떻게 동물의 몸을 형성하고 기능하는지에 대한 우리의 지식의 깊이는 충분치 않다. 과학적으로나 윤리적으로나 말이다. 안타깝지만 당분간은 드래곤을 부활시키려면 초자연적인 현상에 기대야 하는 걸까? 〈왕좌의 게임〉에 나오는 마녀인 미리 마즈 두어Mirri Maz Duur를 장작더미에 태워 드래곤 알을 좀 더 오래 부화시킨다든가 해서.

인어

얼음과 불의 세상은 기이하고 멋진 생물들로 가득 차 있다. 이런 생물들은 대부분 육지에 살겠지만, 바다에 사는 생물들도 있다. 예를 들면, 전통적으로 반인반어[半人半魚]인 인어가 그중 하나다. 〈왕좌의 게임〉 속에서는 인어 혹은 '머링[merlings]'들이 갖가지 변장을 하고 불쑥 나타나곤 한다. 〈왕좌의 게임〉 팬들 사이에서는 스파이 대장 바리스 경이 머링이라 주장하는 유명한 설이 있다. 그래서 그가 그렇게 칠왕국 이곳저곳을 재빨리 왔다 갔다 하는 거라고 말이다. 또, 가장 유명한 일화는 테온을 비롯한 그레이조이 일가의 시조인 그레이 왕[The Grey King]이 인어와 결혼을 하는 희한한 결정을 내렸다는 것이다(아마도 첫날밤에 상당한 혼선이 빚어졌을 거라 상상이 된다). 한편, 인어들은 바다에 빠져 익사한 강철군도인들을 돕기도 했다고 알려진다. 또한, 강철군도 출신인 듀랜든[Durrandon] 가의 시조 듀란 가스그리프[Durran Godsgrief]의 부인인 엘레네이[Elenei]도 사람이 되기 전에는 인어였다는 전설이 있다. 그래서 그렇게 평소 행동에 이상한 구석이 있었다는 거다(듀란도 피시 앤 칩스[fish and chips]를 시식하는 여행을 권유받을 때마다, '엘레네이는 동행하면 안 되오' 하고 당당히 손을 내저으며 주장했다는 말이 있다).

그렇다면 현실 세계에도 인어들이 존재할까?

많은 이들은 인어의 존재라는 개념 자체에 손사래를 칠 것이다. 그러나 그렇게 마음을 닫아 둘 것만은 아니다.

알다시피, 지구의 3분의 1은 바다로 덮여 있다. 또한 2010년의 해양 생물 조사 프로그램Census of Marine Life에 따르면, 이렇게 널따란 바다에는 거의 200만 종이 넘는 다양한 해양 생물들이 살고 있다. 이들 중에는 인어만큼이나 기이한 생물들이 많다. 예를 들어 해마를 떠올려 보자. 진화는 해마라는 신기한 생물을 정말이지 특이하게 발달시켜 놓았다. 우선 해마의 눈은 독립적으로 움직인다. 또, 특이하게 생긴 대롱 모양의 주둥이 때문에 먹잇감에 다가갈 때 물의 변형을 거의 일으키지 않아 들키지 않을 수 있다. 아울러 마치 원숭이 꼬리처럼 물건을 잡을 수 있는 꼬리는 매우 힘이 강하다. 게다가 꼬리의 60퍼센트 정도의 면적을 아무런 상처 없이 압축할 수 있다고 한다. 해마와 같이 특이한 성질의 생물을 보면, 반인반어의 인어도 존재하지 말란 법은 없지 않을까 싶다.

인어는 사실 현대의 산물이 아니라, 그 기원이 몇 천 년 전으로 거슬러간다. 예를 들어 고대 바빌로니아에서는 신들의 시대에 대한 묘사를 한 여러 조각들과 직인職印들이 있었다. 그런데 그중에는 마치 인어처럼 상체는 남자이고 하체는 거대한 생선인 모습을 한 신의 모양도 있었다고 한다. 비슷하게, 그리스 신화에 나오는 트라이튼Triton도 바다 속에서 솟아올라 중대한 소식을(설마 "이 '비늘 바지'가 엄청 꽉 끼는군"이라고 한 걸까) 전해 주는 인어였다고 한다.

이런 생명체들의 출현은 사실 전혀 좋은 소식이 아니었다. 많은 고대 문서에 따르면 인어들은 불운을 상징하는 심벌과도 같았다. 그렇다고 이와 같은 부정적인 견해가 전 세계적으로 공통된 것은 아니었다. 예를 들어 영국 민간 설화에서는 인어들이 좀 더 긍정적인 맥락에서 다뤄지는 경우가 많았다. 가끔 인어들이 인간과 친구가 되거나, 인간과 결혼을 하기도 한다는 이야기들이 전해져 오는 것이다.

물론 회의론자들은 이런 고대 전설들을 읽어도 그저 판타지로 치부해 버리는 경향이 있다. 그러나 이런 태도는 그야말로 인어들에 목욕물을 끼얹어서 쫓아 버리는 격이다. 왜냐하면 오랜 시간 동안, '진짜 인어'가 나타났다는 목격담이 속출해 왔기 때문이다. 1600년대 사례 하나를 들어 보자. 한 목격자가 인어 한 마리가 네덜란드의 한 도랑에서 발견되었노라고 주장했다. 이 인어는 그대로 주변 마을에 동화되어서, 가톨릭교로 개종까지 했다는 것이었다. 그런가 하면 17세기의 한 보고에 따르면, 한 선장이 뉴펀들랜드Newfoundland(캐나다 북동부의 주)의 해안을 항해하다가 인어 한 마리와 마주쳤다고 한다. 이 선장은 훗날 자신의 경험담을 털어놓았다. 그의 묘사에 따르면 문제의 생물체는 눈이 컸으며, 짧지만 예쁜 코와 길고 잘생긴 귀를 가졌다고 한다. 게다가 놀랍게도 머리색은 초록이었다는 거다. 선장은 그가 포획한 생명체와 금세 사랑에 빠져 버렸다. 물론 곧 생명체의 하체가 완벽한 생선의 모양을 하고 있음을 깨달았지만.

아마도 이런 판타지 같은 이야기들에 용기를 얻었는지, 1800년대에는 사기꾼이 속출하여 인어의 가짜 해골을 만들어 내기도 했다. 이윽고 1840년, 그중 한 사례가 전설적인 쇼맨인 바넘[P. T. Barnum]에 의해 큰 화제가 되었다. 바넘이 '피지 인어'를 전시한다고 호언장담을 했던 것이다. 많은 이들의 눈에도 이 괴상한 생물체는 반은 원숭이이고 반은 생선의 모양을 한 명백한 가짜였다. 하지만 이를 보기 위해 수천 명이 몰려들었고, 전시회는 대흥행을 기록했다. 결국, 바넘의 박물관은 사람들로 미어터지게 되었다. 바넘은 이에 '이그레스[egress]는 이쪽으로'라는 팻말을 내걸기까지 했다. 이그레스가 단순히 '출구'를 의미하는 '엑시트[exit]'와 같은 말인지 몰랐던 사람들은 순순히 팻말을 따라갔다. 뭔가 새로운 진기한 전시품이 있을 거라 기대하면서. 물론 팻말이 가리키는 곳의 끝은 길거리였지만 말이다.

신기한 일이지만 인어의 목격담은 우리의 기억 속에서 사라진 과거의 얘기만은 아니다. 예를 들어 2009년에는 몇 명의 사람들이 이스라엘 해안가에서 인어를 보았노라고 주장했다. 신문기사에 따르면, 이 인어는 몇 가지 장난을 친 후 바닷속으로 유유히 사라졌다고 한다. 이스라엘의 한 지역 관광협회에서는 이 인어로 추정되는 생명체의 사진을 처음 찍어 오는 사람에게 백만 달러의 포상금을 지급하겠다고 공포했다. 그러나 인어는 놀랄 만큼 사진 찍히기를 부끄러워한 모양이다.

이런 목격담이 사실은 몇몇 해양 생물체들을 본 것일 수도 있다. 일명 '바다 소sea cows'라고도 불리는 매너티manatees와 듀공dugongs을 포함해서 말이다. 이 신기한 해양 포유류들은 현재는 멸종위기에 처해 있다. 이들은 따뜻하고 얕은 연안 해역이나 강의 어귀 등지에 사는데, 납작한 꼬리와 물갈퀴를 지녔다. 그런데 그 모양이 마치 약간 뭉툭한 사람의 팔뚝같이 생긴 것이다. 물론 이런 특징들이 인어처럼 보인다고는 할 수 없다. 하지만 궂은 날씨에 원거리에서 본다면? 또 어두운 불빛 아래 럼주를 몇 잔 마신 뒤라면? 아마 그 해양 포유류의 모습이 수많은 목격담의 주인공처럼 보일지도 모르는 일이다.

결국, 〈왕좌의 게임〉 속에 나오는 많은 인어들에 관한 언급은 민간설화와 과거의 목격담 및 과학적 요소에 근거하는 것이다. 인어들이 강철군도인들이 익사한 후 그 시신을 거둔 것에서 볼 수 있듯, 인어는 많은 문화에서 행운의 상징으로 여겨진다. 만약 다음에 인어에 대한 얘기를 듣거든, 단순히 어부가 지어낸 얘기 정도로 치부하지 않기를 바란다. 인어는 그렇게 단순한 존재가 아닐 테니까.

제 9 장

어떻게 결말이 날까?

결말은 불, 혹은 얼음 중 어떤 쪽일까?

불과 얼음

_로버트 프로스트

어떤 이들은 세상이 불로 끝날 거라고 하고,

어떤 이들은 얼음으로 끝날 거라 한다.

내가 욕망을 맛본 바로는

불을 선택하는 이들의 뜻에 동의한다.

하지만 세상이 두 번 멸망한다면,

나는 내가 증오에 대해 잘 안다고 생각한다.

얼음에 의한 멸망도 엄청나고,

그것으로도 충분할 거라는 걸.

조지 마틴은 소설 『왕좌의 게임』 시리즈 제목인 '얼음과 불의 노래' 라는 멋지고 중요한 타이틀에 대해 이렇게 말했다. 바로 프로스트의 위 시에서 어느 정도 영감을 받았노라고 말이다. 한편, 그에 비하면 별로 알려지지 않았지만 미국 천문학자인 할로 섀플리Harlow Shapley도 이 시와 깊은 연관이 있다. 섀플리는 은하계의 규모를 측정한 것으로 유명하며, 우주 내 어디에서 얼음으로 덮인 행성을 찾을 수 있는지에 대한 이론을 제시한 것으로도 알려져 있다. 또한 천문학자 세실리아 페인가포슈킨Cecilia Payne-Gaposchkin의 박사 학위 지도교수이기도 했다. 세실리아는 태양이 무엇으로 구성되었는지를 태양 불꽃의 스펙트럼을 통해 알아내는 업적을 쌓았다. 또한, 그녀는 기타 항성들의 구성 요소들을 측정하고, 어떻게 이 항성들이 빛을 내는지를 밝히기도 했다.

1960년대에 프로스트는 섀플리에게 "이 세상이 어떻게 종말을 맞을 거라 보시오?"라는 질문을 던졌다고 한다. 섀플리는 당대 최고의 천문학자였고, 프로스트는 당대 최고의 시인이었다(그는 후일 시 〈불과 얼음〉이 담긴 시집으로 퓰리처상을 수상하기도 했다). 그러니, 매우 흥미롭고 열띤 토론이 벌어졌음은 두말할 나위가 없다.

토론의 결과, 마침내 시 〈불과 얼음〉이 탄생한 것이다. 이 시는 한마디로 정의하기 매우 어려운 시였다. 물론 시구 한 줄 한 줄은 매우 단순해 보인다. 하지만 자세히 들여다보면, 그렇지가 않다. '세상은 멸망할 것이다'를 전제로 하지만, 과연 어떤 세상이 멸망한다는 걸까?

시를 한 줄씩 읽다 보면 아마 아찔한 생각이 들 거다. 동시에 이 지구의 운명과 나 자신의 마음에 대해서도 의문이 들지 모른다. "나는 죽지 않지만, 이 세상은 멸망할거요"라고 프로스트의 동시대 소설가인 아인 랜드Ayn Rand는 말하기도 했다. 철학자이기도 한 그녀는 상당한 겸손함의 소유자였던 모양이다. 어쨌거나, 지구의 결말은 어떻게 될까? 우리는 또 어떻게 될까?

이러한 어지러운 관점이 바로 소설 "얼음과 불의 노래"에 녹아 있는 셈이다. 우리는 넓고 복잡한 세상을 느끼며 나아간다. 그것도 매 장마다 새로운 등장인물의 시선에서 세상을 보는 것이다.

조지 마틴은 얼음과 불의 세상에서 계절은 마법에 의해 움직인다고 공공연히 말한 바 있다. 우리의 세상에서는 자연력에 의해 기후가 결정된다. 그런 원리가 소설 속 앞으로 다가올 전투에 대해서 힌트를 줄 수 있을까? 왜 웨스터로스의 여름과 겨울이 그리 오래 계속되는지에 대한 천문학적인 설명이 가능할까? (웨스터로스의 계절은 예측이 불가하고, 한 번 바뀌면 몇 년이나 지속되곤 한다.) 아마도 얼음과 불의 세상도 지구에서와 마찬가지로 1년이 '태양을 중심으로 공전을 하는 주기'로 정의될지도 모른다. (물론 사람들이 자신들의 행성이 태양을 중심으로 돈다고 믿는다면.) 혹은 행성이 태양을 중심으로 한 바퀴 도는 것을 황도십이궁에 비춰 1년으로 정의하든지 말이다.

무엇이 계절을 일으키는가?

앞서 소개한 그리니치 왕립천문대의 마렉 쿠쿨라 박사와 지구의 사계절을 둘러싼 천문학적 현상에 대해 대화를 나눠 보았다.

사계절은 지구의 기울기와 지구가 태양의 둘레를 도는 공전의 궤도에 의한 복합적 결과이다. 지구의 기울기와 공전축은 모두 상당히 안정적이다. 따라서 사계절 또한 예측이 가능하고 규칙적인 것이다. 만약 이 둘 중 어느 하나라도 변한다면, 계절의 양상이 그만큼 더 극단적이고 혼란스럽게 나타날 수 있다.

한편, 달의 존재는 지구의 자전축을 안정화시키는 데 큰 도움이 된다. 지구의 기울기의 각도를 몇 도 차이 내로 유지시키기 때문이다. 그 결과 온난하고 한랭한 지구의 계절 양상이 유지되는 것이다. 물론 이러한 계절 양상도 100만 년 이상의 시간을 거치면 변하기는 한다. 대륙 이동이 발생하면 그에 따른 육지와 바다의 분포에 변화가 일어나기 때문이다.

또한 지구의 궤도는 원형에 가깝다. 그래서 1년 내내 지구가 받는 열과 빛이 항상 일정 수준을 유지할 수 있는 것이다. 하지만 화성과 수성, 혹은 많은 태양계 외 행성들은 그렇지가 않다. 이 행성들은 궤도가 타원형이기 때문이다.

태양 변동성

여하튼, 태양계를 쿠쿨라 박사와 계속 탐험해 보기로 하자.

지구의 기후는 태양으로부터 열과 빛의 형태로 받은 에너지에 의해 작동한다. 따라서 태양의 에너지 발산에 어떤 이상이 생기면, 그대로 지구의 기후에도 영향을 미친다. 태양은 사실 상당히 안정적인 항성이다. 그럼에도 태양 내부의 격동적인 작용들에 의해 일정한 변동성이 생기기도 한다. 그중 가장 명백한 것은 태양 표면의 활동에 관한 것이다. 즉, 태양 표면의 흑점이나 플레어sun flare(고에너지 태양 폭풍), 또한 코로나 질량 분출coronal mass ejection이라 알려진 가스 폭발 등이다. 이들 활동은 11년 이상의 주기를 기점으로 증가 혹은 감소하는데, 바로 이것이 지구의 기후에 영향을 끼치는 것이다. 하지만 그 영향은 사실 매우 적다고 할 수 있다. 계절에 따른 기온 변화보다도 훨씬 적은 영향인 셈이다. 게다가 〈왕좌의 게임〉 속 상황과는 다르게, 약 11년의 주기란 비교적 안정적이고 명백하다.

한편, 1800년대 말 그리니치 왕립천문대의 천문학자인 월터와 애니 마운더Walter and Annie Maunder는 몇 세기에 걸친 태양 흑점 수의 기록을 연구했다. 그러던 중, 이들은 1645년에서 1715년에 이르는 시기에 흑점의 활동이 거의 없었음을 알아냈다. 심지어 11년 주기의 정점에 해당하는 시기에조차 말이다. 태양 표면의 활동이 확연히 줄어든 이 시기는 오늘날 '마운더 극소시기Maunder Minimum'라 알려져 있다. 흥미롭게도 이 시기는 소빙기, 즉 북유럽에서 겨울에 이상 한파를 기록한 시기와 맞물린다.

물론 오늘날에도 태양 표면의 활동과 대륙의 기후 변화 간에 직접적인 연관성이 있는지는 확실히 알려지지 않았다. 그러나 이와 관련된 이론에 따르면, 흑점의 활동이 결핍된 시기에는 태양에서 발산된 자외선이 지구의 상층 대기권에 흡수되어 대기를 팽창시킨다고 한다. 그러면, 북대서양에서 유럽까지의 날씨 체계를 이끄는 고고도high altitude의 제트 기류가 변형된다는 것이다. 이런 비슷한 국지적인 현상이 〈왕좌의 게임〉 속 세상에서 일어난다면 어떨까? 아마 웨스테로스 대륙에 왜 그렇게 한파가 기세등등한지가 설명될지도 모른다.

태양 내부의 물리적 작용에 대해서는 아직도 완전한 이해에 이르지 못했다. 따라서 마운더 극소시기를 유발한 과정에 대해서도 예측이 불가하다. 마운더 극소시기와 비슷한 사례로는 1450~1540년의 '스푀러 극소시기Spörer Minimun', 1790~1820년의 '달튼 극소시기Dalton Minimum' 등이 밝혀졌다. 그러나 이들이 어떤 예측 가능한 양상을 띤 것은 아니었다. 한편, 최근에는 11년 주기에서 상대적인 흑점 감소가 나타났을 때, 몇몇 태양 물리학자들은 우리가 또 다른 태양 극소시기를 맞는 거라 주장했다. 아직까지는 이 이론을 놓고 논란이 분분하다.

그런가 하면 역사상 가장 극단적인 태양 활동은 마치 우아한 디너 파티의 이름처럼 들린다. 바로 1859년의 '캐링턴 이벤트Carrington Event' 였다. 이 활동에서는 엄청난 양의 태양 플레어가 지구에 거대한 코로나 질량 분출을 일으키는 대사건이 벌어졌다. 고속의 플라스마plasma 구름이 지구의 자기장을 강타하자, 상층 대기권에는 강력한 오로라가 펼쳐졌다. 북극과 남극의 눈부신 오로라가 적도 근방에서도 보일 지경이었다. 충격파가 지구의 자기장을 지나면서, 당시 전보 통신 체계의 장거리 케이블에 막대한 전류가 발생했다. 이에 전기 충격을 받은 전신기사들도 더러 있었다. 만약 캐링턴 이벤트 같은 사건이 현재에 또 발생한다면, 우리의 위성과 전화 및 전압 체계가 완전히 마비될 것이 뻔하다.

마치 〈왕좌의 게임〉 속 계절처럼, 태양 변동성은 예측이 불가하다. 그러니, 〈왕좌의 게임〉 속 세상의 태양은 우리 세상의 태양보다 좀 더 변화무쌍하고 변덕스러울지도 모른다. 그래서 흑점의 극소시기가 주기는 더 짧고 강렬하며 자주 나타나서 웨스터로스의 계절 변화가 불규칙한 것일 수 있다. 한편, 〈왕좌의 게임〉 속 몇몇 항성들은 태양보다 훨씬 격렬한 활동을 해서 '슈퍼 플레어superflares(초화염)'를 일으킬 수도 있을 것이다. 그러면 캐링턴 이벤트에서 보는 것보다 만 배는 족히 강력한 현상이 펼쳐질 수 있다.

사실 〈왕좌의 게임〉 속 세상은 산업화 이전 시기를 배경으로 한다. 말하자면 기술 수준이 수천 년 동안 중세시대 수준에 머물러 있는 상황인 것이다. 그러니 오히려 나은 배경인지도 모른다. 만약 정말로 〈왕좌의 게임〉 속 태양이 매우 활발한 활동을 한다면, 불규칙한 계절 분포만이 문제가 아니기 때문이다. 전기력과 위성통신에 의존하는 문명이라면 태양 폭발로 파멸의 결말을 맞을 위험에 항상 노출돼 있으니까. 하지만 다행히 메신저인 까마귀들은 코로나 질량 분출에 영향을 입지는 않을 거다. 좀 더 깍깍거리기는 하겠지만, 그대로 날아가 버리면 그만이니 말이다.

콘(Con) 혜성

약 6,600만 년 전에 혜성, 혹은 소행성이 지구와 충돌한 것이 공룡이 멸종한 주요 원인이라는 설은 널리 받아들여지고 있다. 이 충돌로 인해 발생한 막대한 먼지구름이 지구의 상층 대기권에 퍼졌을 것이고, 지구 전체를 감쌌을 거라는 이야기다. 그래서 지구의 땅에 도달하는 태양열의 양이 극적으로 감소했고, 그 결과 지구 전체는 춥고 어두운 '임팩트 윈터impact winter'가 몇 개월, 혹은 몇 년이나 지속되는 시기를 맞게 되었다는 것이다.

쿠쿨라 박사에 따르면 몇몇 과학자들은 공룡 멸종 때보다 충격이 적은 혜성 충돌이 발생하면 다양한 국지적 기후 변화가 초래될 수도 있다고 주장한다. 이를테면 1만 3,000여 년 전의 '신드라이아스기'가 그 대표적인 현상이다. 이 시기에는 지구 북반구의 온도가 급격히 하강했었던 것이다. 그러나 이런 주장은 그 진위가 아직 밝혀지지 않았다. 게다가 혜성 충돌이 엄청난 파괴를 일으킨다는 사실을 생각해 보라. 〈왕좌의 게임〉 속 세상에서 혜성 충돌로 인해 그런 긴 겨울이 매번 시작됐다면, 사람들이 눈치 채지 못했을 리 없다.

물론, 혜성이 좀 더 충격이 적은 방법으로 겨울을 연장시키지 말란 법도 없다. 만약 혜성의 궤도가 늘어나서 태양에 가까이 다가간다면, 혜성의 얼음같이 차가운 표면이 태양열에 의해 데워질 것이다. 그 결과, 혜성이 일으킨 거대한 먼지구름과 증기는 수백만 킬로미터 길이의 혜성 꼬리를 이루게 된다. 혜성이 태양계 밖으로 되돌아가고 훨씬 후에도 이 먼지구름은 계속 태양의 근처에 머무른다. 그리고 어떤 소행성이 먼지구름 속을 지날 때마다, 대기 속에서 큰 입자들이 불타오르게 되고, 이것이 유성우를 일으키는 것이다.

소행성이 특히나 고밀도의 먼지구름 덩어리를 만나면, 유성우는 그야말로 장관을 이룬다. 1833년 11월에 발생한 '리어니드 유성우Leonid shower'처럼 말이다. 이때는 마치 폭죽 같은 유성들이 몇 시간 동안이나 하늘을 수놓았다고 한다. 알갱이가 좀 더 작은 유성이라면 아무런 변형 없이 대기권에 들어오기도 한다. 그리고 그 수가 충분히 많다면, 기후를 냉각시키는 효과가 있을 수도 있다.

1705년에 영국 수학자이자 천문학자인 에드먼드 핼리Edmond Halley는 자신의 이름을 딴 유명한 '핼리 혜성'의 궤도를 계산해냈다. 핼리 혜성이 태양 주위를 완전히 한 바퀴 도는 데 76년이 걸린다는 것이었다. 핼리가 이것을 계산해내기까지 혜성이란 베일에 가려진, 예측 불가능한 방문객에 불과했다.

〈왕좌의 게임〉에서는 겨울이 다가옴을 알리는 것이 바로 하늘에 뜬 특이한 붉은 혜성이다(이 혜성은 '피흘리는 별bleeding star'라고도 불리며, 세상에 드래곤과 마법이 돌아왔음을 선포하기도 한다). 천문학적으로 보면, 혜성이 붉어지는 것은 빛이 거대한 먼지 덩어리를 지나가서 발생하는 경우가 많다. 아마도 얼음과 불의 세상은 태양계에 고밀도의 먼지를 일으키는 혜성들로 가득한 모양이다. 천문학자들은 이미 지구의 태양계보다 훨씬 더 많은 혜성이 존재하는 계界를 여러 개 발견해냈다. 이런 계 안 있는 행성들은 아마도 두터운 먼지 폭격과 변덕스러운 기후 변화에 늘 시달릴 것이다. 혜성으로 인한 먼지가 항상 떠다니기 때문이다.

얼음과 불, 모두가 승리자

태양과 기타 항성들은 은하계 중심을 궤도를 따라 떠다닌다. 그러다가 가끔 항성들과 가스 및 먼지가 밀집해 있는 은하계의 '나선형 팔spiral arms'이라는 구역을 지나기도 한다. 이런 경우, 항성들이 '거대한 분자 구름'을 지나는 중일 수도 있다. 이는 은하계의 중심에서 몇 백 광년 떨어져 있는 가스와 검은 우주먼지로 가득 찬 구역이다.

일반적으로는 태양의 태양풍solar wind이 갖는 끊임없는 외부 압력이 이런 가스와 먼지를 태양계 밖으로 밀어내곤 한다. 그러나 거대한 분자 구름의 내부로는 가스나 먼지가 어쩔 수 없이 침투하기 마련이다. 그리하여 지구와 태양 사이를 가로 지르며 태양열과 빛을 일부분 가리게 되는 것이다. 그 결과, 태양에서 지구로 도달하는 태양복사solar radiation가 감소하게 되어, 지구의 기후에 냉각 효과를 가져온다. 그러면 좀 더 겨울과 같은 상태로 돌입하게 된다고 쿠쿨라 박사는 설명한다.

물론 분자 구름을 통과하는 과정은 수백만 년이 걸리기도 한다. 게다가 태양계가 먼지 밀도가 높고 낮은 지역을 번갈아 지나기 때문에 해마다 먼지구름의 양은 달라질 수 있다. 그야말로 예측하기 힘든 여정이 되는 것이다. 그리고 그 여정의 흔적으로 태양계 내 행성들의 기후에 끊임없는 변화가 일어난다.

결국, 지구가 멸망하는 날이 온다면, 지구도 수성과 화성의 운명과 같은 길을 걷게 될 것이다. 이글이글 타오르는 태양이 팽창하면서, 태양에 삼켜지는 것이다. 하지만 그럼에도 지구는 그런 운명을 비껴갈 수 있을지도 모른다. 몇 백만 년 후의 미래에 태양이 작은 빨간 공처럼 쪼그라들 때가 온다면 말이다. 그때에는 지구를 이루던 암석들과 그 사이에 숨어 있던 물 분자들이 우주를 둥둥 떠다닐 수도 있다. 그러다가 어느 날, 그 떠다니던 물질들이 융합되어 규모가 커진다면, 약 백만 년 뒤에 다시 새로운 행성으로 탄생할 수도 있다. 새로운 태양에 의해 데워지고, 한때 지구에 흐르던 물로 인해 냉각되길 반복하면서. 이 새롭게 탄생한 행성에 어떤 운명이 닥칠지, 어떤 드라마가 펼쳐질지 누가 알겠는가? 그러니 결국은 얼음과 불 모두가 승리자가 될 수 있는 것이다.

감사의 말

우선, 『왕좌의 게임』의 수백만 팬들처럼, 필자도 한 사람의 팬으로서 저자 조지 마틴에게 그토록 멋지고 풍부하며, 매혹적인 세계를 창조해 준 데 감사한다. 그리고 글을 쓰는 데 아낌없는 믿음을 준 뛰어난 에이전트 수전 스미스에게도 감사를 보낸다. 아울러 호더스케이프Hodderscape 출판사(필자에게는 영원히 '호도'스케이프Hodorscape로 기억될 것이다)와 리틀 브라운출판사의 훌륭한 작업팀에게도 고마움을 전한다.

또한, 이 책을 쓰면서 대화를 나눈 모든 전문가들께 감사한다. 이들로부터 많은 도움을 받은 것, 특히 흥미로운 과학에 대해 두루 배운 것은 굉장한 영광이었다. 이들 중에는 친구 및 지인들도 있었지만, 아예 처음 만난 분들도 있었다. 그럼에도 모두 책의 집필에 자신들의 시간과 통찰력, 지식을 아낌없이 쏟아주었다. 이 전문가들에 대해 더 알고 싶다면, www.helenkeen.com/morescienceofGoT에 접속해 보기를 바란다.

이 분들 중 특히 필자에게 지식의 원천이 되어 준 다음 분들께 많은 감사를 드린다. 우선, 라이언 콘셀이 전해 준 검과 갑옷에 대한 해박한 지식은 지금도 필자의 마음 속 '창의력의 전당' 안에 소중히 간직하고 있다. 또, 마렉 쿠쿨라 박사와 조너선 페티트 박사, 켈리 위너 스미스 박사, 그리고 리처드 와이즈먼 교수에게도 그들이 보여준 마법 같은 지식과 자상한 격려에 감사한다.

다음으로, 책을 쓰는 데 격려와 아이디어를 보내주고, 초안을 잡는 데 도움을 주었으며, 전반적으로 훌륭한 책이 되도록 북돋아준 나의 친구들에게도 감사한다. 이언 사이먼스, 팀 헤밍스, 미리엄 언더힐(미리엄은 특히 〈왕좌의 게임〉 시즌 1을 같이 보기에 최적의 상대가 되어 주었다)에게. 또한, 드보라 사바패시Deborah Sabapathy에게 크나큰 특별 감사를 전한다. 원고 편집에 많은 도움을 주었을 뿐 아니라, 뛰어난 아이디어 및 훌륭한 농담, 지치지 않는 자상함까지 선사해 주었다.

마지막으로, 모두에게 다시 한 번 깊은 감사를 드린다. 모두 뛰어난 역량을 발휘해 준 데 찬사를 보낸다.

찾아보기

왕좌의 게임의 과학

2019년 5월 17일 1판 1쇄 발행

지은이 **헬렌 킨**
옮긴이 **이현정**
펴낸이 **박래선**
펴낸곳 **에이도스출판사**
출판신고 **제2018-000083호**
주소 **서울시 마포구 잔다리로 33 회산빌딩 402호**
전화 **02-355-3191**
팩스 **02-989-3191**
이메일 **eidospub.co@gmail.com**
페이스북 **facebook.com/eidospublishing**
인스타그램 **instagram.com/eidos_book**
블로그 **https://eidospub.blog.me/**
표지 디자인 **공중정원**
본문 디자인 **김경주**

ISBN 979-11-85415-32-1 03400

이 도서의 국립중앙도서관 출판예정도서목록(CIP)은
서지정보유통지원시스템 홈페이지(http://seoji.nl.go.kr)와
국가자료종합목록시스템(http://www.nl.go.kr/kolisnet)에서 이용하실 수 있습니다.
(CIP제어번호 : CIP2019015855)

The Science of Game of Thrones

The Science of Game of Thrones